現場の最強!
熱中症対策
「ファン付き
作業服」

建設現場は
日本でいちばん
熱中症のリスクに
さらされています。

そう言われても……

炎天下で作業しなきゃいけない

屋内作業でもエアコンなんて使えない

長袖にヘルメット着用は必須

暑いからって休めない

ずっと動きっぱなし

リスクを減らすことは難しい……

その悩み

で解決できます！

でも風ってどう使えばいいんだろう……

そこで有効なのが

「ファン付き作業服」

なのです。

ファン付き作業服って……

そもそも何?

どう選べばいいの?

効果的な使い方はあるの?

実際に使うとどんな感じなの?

マスク熱中症には有効なの?

本書は、そんなギモンもぜんぶ解決します。

さらに建設現場における

- 快適な現場環境のつくり方
- 熱中症対策グッズの選び方・使い方

も徹底解説!

これ一冊で「建設現場の熱中症対策」がぜんぶわかります!

はじめに

「今年は非常に暑く、熱中症対策をしっかりしましょう」

毎年、気温が高くなり始めると、このようにメディアなどで熱中症の危険性について呼びかける声が増えてきます。

それもそのはず、猛暑日はここ100年で増え続けており、暑さは年々厳しくなっているのです。

そんな環境のなか、熱中症のリスクがもっとも高いのが建設現場なのです。
実際、建設現場は

- **全業種のなかで熱中症による死亡者数が1位**
- **WBGT（暑さ指数）が環境省の発表している数値よりも高い**

など、非常に過酷な環境のため、普通に暮らす人たちよりも、しっかり対策しなければなりません。

しかし、建設現場は基本的に涼しい場所での作業ができません。そのため、カラダを冷やすことが難しい環境です。また、新型コロナウイルスなどの感染症対策のためにマスクを着用すると、さらに熱中症のリスクが高まります。

そこで有効になってくるのが、本書のテーマである「ファン付き作業服」なのです。

ファン付き作業服を使えば、建設現場でも効果的にカラダを冷やすことができ、熱中症のリスクも低くできます。そのほかにも、建設現場で有効な熱中症対策の方法やアイテムもあります。

本書では、そんな建設現場における具体的な熱中症対策の方法に焦点をあてて、ていねいに解説していきます。

• この本の読み方

2

ここがPoint!

猛暑のつらさは気温だけが原因じゃない

体感温度が低いと心もカラダもラクになる!

風や日射で体感温度はコントロールできる

3

猛暑対策は、気温だけを見ていてはいけません。
重要なのは、体感温度を適切にコントロールすることです。
体感温度とは、「暑い気がする」といった個人の感覚のことではなく、気温、湿度、風（気流）、放射（日射や路面からの照り返しなど）、代謝量（運動量）、着衣量を総合した「人間が感じる暑さ」のことです。夏季になると、「35℃超え！」といった気温ばかりに目がいきがちですが、体感温度は日射を防ぐだけでも7℃程度低くなったり、風を浴びるだけでも下がったりします。また、体感温度が高い環境＝熱中症にかかりやすい環境であるため、熱中症のリスクを減らすためにも体感温度は重要な指標になります。また、体感温度が低いと「快適」と感じるため精神的にもラクになるのです。

030

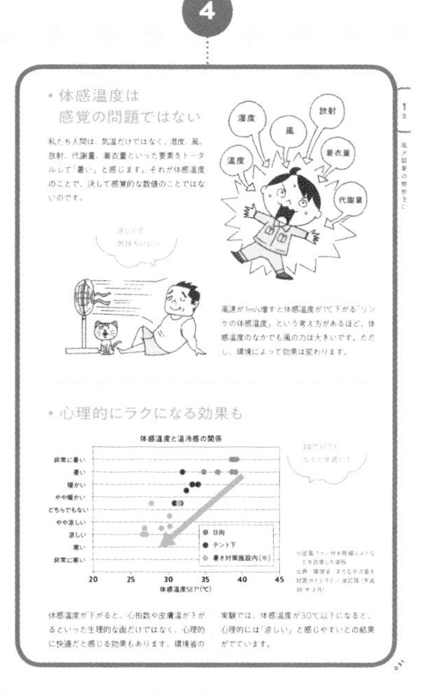

1 テーマ

見出しとイラストを見れば、このページでどういった内容を解説しているのかがわかります。気になる内容や困っている内容から確認してもOKです。

2 3つのポイント

テーマに関する3つのポイントです。このテーマで解説している重要な内容を集約したものなので、まず目を通してみてください。

3 本文で概要を解説

テーマの概要は、本文で解説しています。本文を読めば、知りたいことがきちんと理解できます。

4 イラストや図版で解説

イラストや図版でテーマの裏付けとなる情報や、さらにくわしい解説を紹介しています。

※本書は、5つの章で構成しています。1章では建設現場における熱中症の基礎知識、2章と3章でファン付き作業服の選び方や使い方、4章では扇風機などを使った快適な現場環境のつくり方、5章では熱中症対策グッズの正しい選び方や使い方を紹介しており、どれもすぐに実践できる内容になっています。

Contents

取材・文 …… 藤森優香
デザイン …… 鎌内文、能城成美（細山田デザイン事務所）、横村葵
図版作成 …… 加藤陽平

登場キャラクター紹介

すなおゲン

20代の若手作業員。仕事熱心で素直だが、おっちょこちょいなのがたまにキズ。暑さにめっぽう弱い。

ムキ次郎

この道40年のベテラン作業員。好きな言葉は「忍耐と根性」。夏は気合いで乗り切るものだと思っている。

キヅかい男

現場監督。心配性でいつも周りに気を遣っている。現場のトラブルには敏感で、熱中症に関する正しい知識を持っている。

1章

まず知りたい熱中症のきほん

建設現場はリスクが高い！

熱中症は命にかかわる危険な症状です

ここがPoint!

- 熱中症はある日突然なってもおかしくない
- 熱中症の初期症状を見極めよう
- 環境・カラダの状態・働き方でリスクは変わる

「今まで大丈夫だったから」と油断していませんか？
熱中症は、いつ誰がなってもおかしくない命にかかわる症状です。そもそも熱中症とは、体温が上がり体内の水分や塩分のバランスが崩れたり、体温の調節ができなくなり、めまいや吐き気、意識障害が起こる症状のことなので少しでもおかしいと感じたら、見逃さず適切な対応をすることが大切です。特に建設現場で働く人は「環境・カラダの状態・働き方」の3つの要因によって、その日のリスクが変わってきます。環境については、WBGT（暑さ指数）という地域ごとに熱中症の危険性を表した数値が4～10月に毎日公開されています。また、二日酔いや睡眠不足などの体調不良や、納期を優先して休憩せずに屋外作業を続けるなど、熱中症になりやすい行動を知っておくことが大切です。

• WBGT（暑さ指数）で今日の環境を把握する

WBGTとは、気温、湿度、輻射熱（ふくしゃねつ）の3つを取り入れた指標のこと。実際には風も指標に影響します。気温だけでは熱中症のリスクをはかれないため、その場所の環境を把握するのに有効です。環境省は、4～10月に全国約840地域の数値を1時間ごとに公表しているので参考にしましょう。WBGTと熱中症のリスクの関係性は下記を参考にしましょう。

WBGT（℃）	湿球温度（℃）	乾球温度（℃）	熱中症予防運動指針	
31以上	27以上	35以上	運動は原則中止	特別の場合以外は運動を中止する。特に子どもの場合には中止すべき。
28～31	24～27	31～35	厳重警戒（激しい運動は中止）	熱中症の危険性が高いので、激しい運動や持久走など体温が上昇しやすい運動は避ける。10～20分おきに休憩をとり水分・塩分を補給する。暑さに弱い人（※）は運動を軽減または中止。
25～28	21～24	28～31	警戒（積極的に休憩）	熱中症の危険が増すので、積極的に休憩をとり適宜、水分・塩分を補給する。激しい運動では、30分おきくらいに休息をとる。
21～25	18～21	24～28	注意（積極的に水分補給）	熱中症による死亡事故が発生する可能性がある。熱中症の兆候を確認するとともに、運動の合間に積極的に水分・塩分を補給する。
21以下	18以下	24以下	ほぼ安全（適宜水分補給）	通常は熱中症の危険は小さいが、適宜水分・塩分の補給は必要である。市民マラソンなどではこの条件でも熱中症が発生するので注意。

1）環境条件の評価にはWBGT（暑さ指数とも言われる）の使用が望ましい。
2）乾球温度（気温）を用いる場合には、湿度に注意する。湿度が高ければ、1ランク厳しい環境条件の運動指針を適用する。
3）熱中症の発症のリスクは個人差が大きく、運動強度も大きく関係する。
　運動指針は平均的な目安であり、スポーツ現場では個人差や競技特性に配慮する。
※暑さに弱い人：体力の低い人、肥満の人や暑さに慣れていない人など。
出典：『スポーツ活動中の熱中症予防ガイドブック』公益財団法人日本スポーツ協会 2019

• 不快指数は参考にするには中途半端です

よく耳にする「不快指数」とは、主に「蒸し暑さ」を表す指標のこと。温度と湿度のみで算出した指数で、風速が含まれていないため、実際に体感する蒸し暑さとは一致しない場合があります。あまり実感の伴ったものではないかも……。ちなみに、日本気象協会のホームページで確認することができます。

• 熱中症になりやすい環境とは?

気温・湿度が高い

日射が強い

風が弱い

体感温度が上昇して熱中症に!

熱中症のリスクは、気温や湿度、放射(日射)、風(気流) などの条件による体感温度の変化によって変わってきます。そのため建設現場、特に屋外作業は条件が厳しくリスクが大きいといえます。風が少ない屋内作業では、風が通るように工夫することが重要です。体感温度については、P30から詳しく解説します。

体感温度が上がると
熱中症のリスクが
上がるっス！

• 急に暑くなる日には要注意!

「明日は急激に気温が上がって猛暑日です！」と気象予報士が言うような、前日と比べて気温がグッと上がる日は要注意。カラダが暑さにまだ慣れていなく、熱をうまく放散できないため熱中症になるリスクが高まります。このようなケースは5月～梅雨の時期によく発生します。

・熱中症の症状には3段階ある

Ⅰ度（軽度） ➡ **現場で応急処置を！**

熱失神

瞬間的にめまいや立ちくらみがする状態。脳にまわる血液量が不足してしまうことで起こります。顔面蒼白（そうはく）になったり、最悪の場合失神することも。

熱けいれん

工具を握っている手を自分で開けなくなったり、足がつるなど筋肉がこむら返りする状態。大量の汗により血液中の塩分濃度が低下することで起こります。

Ⅰ～Ⅱ度（軽度～中等度）

➡ **病院への搬送を要検討！**

熱疲労

幅広い症状があります。軽度の場合は、集中力が落ち始めたり何となくだるい状態で、現場の応急処置で対応できます。嘔吐するなどの症状が出たら病院へ行きましょう（見極めはP36を参照）。

Ⅲ度（重度）

➡ **入院して集中治療が必要！**

熱射病

意識障害が起きるレベルの重症で、呼びかけても反応がおかしかったり、真っ直ぐ歩けなくなったりする状態。体温は40℃以上になり、カラダに触ると熱く、最悪の場合命を落とすことも。

感染症対策による
マスク熱中症にも注意!

ここがPoint!

- 新型コロナウイルスがきっかけでマスク着用が必要に
- マスクは熱中症のリスクを上げる
- 対策はファン付き作業服が肝!

新型コロナウイルスなどの感染症対策により注意が必要なのが「マスク熱中症」です。暑い日にマスクをすると、熱がマスクから逃げず、カラダに熱がこもってしまい熱中症のリスクが高まります。中国では、体育の授業中にマスクをつけてグラウンドを走っていた中学生が倒れて死亡したという事故もありました。ただでさえ熱中症のリスクが高い建設現場でマスクを着用する場合は、熱中症対策をきちんとしているかが重要になります。また、マスク内に湿気が溜まって喉の乾きを感じにくくなるため、意識して水分補給することも必要です。

　このように感染リスクとマスク熱中症の両方の対策をしなければならない建設現場で有効になるのが本書のテーマである「ファン付き作業服」です。なぜ有効なのか、2章から紐解いていきます。

• 現場で気をつけるべき感染リスク

飛沫感染

せき、くしゃみなどと一緒にウイルスが放出され、他の人がウイルスを口や鼻などから吸い込んで感染します。特に距離が近い作業のときはマスクが必須です。

接触感染

ウイルスが付着したものを触って、その手で口や鼻を触ると粘膜から感染します。現場では道具や機材などから接触感染するリスクがあるため、注意が必要です。

汗では感染しない

厚生労働省の発表では、汗からでは新型コロナウイルスの感染は確認されていないとのこと。そのため、ファン付き作業服や扇風機は安心して使えます。

• なぜマスクを着用すると熱中症リスクが増す?

対策は?

感染リスクとマスク熱中症を両方おさえるには、飛沫や感染のリスクが低く、体温を下げてくれるファン付き作業服が非常に有効的。詳しい内容は2章以降を参考に!

顔の皮膚から放熱されず、熱がこもってしまいます。

マスク内に湿気がこもるため、喉の渇きを感じづらく、水分補給が怠りがちになります。

空気が肺に届きにくく、呼吸を行うための筋肉の動きが活発化して熱がこもりやすくなります。

意外と知らない 熱中症の怖～い真実

ここがPoint!

毎年猛暑日が増え続け、現場が過酷に!

春でも熱中症で倒れることがある

40代から熱中症のリスクが上がる!

熱中症のリスクは、思わぬところに潜んでいます。35℃を超える猛暑日の日数は、地球温暖化やヒートアイランド現象の影響で年々増え続けており、現場作業は数年前と比べても過酷になっています。その影響もあり、建設業を含む職場全体の熱中症による死傷者数も増えています。

日本全体で暑さが増しているため、熱中症を防ぐにはアイテムを使った対策の前に「正しい知識を持つ」ことも重要です。まず、春でも熱中症になるケースが増えています。これは冬を越えた後、カラダがまだ暑さに慣れていない状態で気温や湿度が高くなる日があると、リスクが上昇するためです。また、年齢の面でも高齢者だけでなく40代から熱中症で死亡するリスクが上がる傾向にあります。熱中症に関しては、決して油断せず対策をすることが命を守ります。

・この100年で猛暑日数は増え続けている！

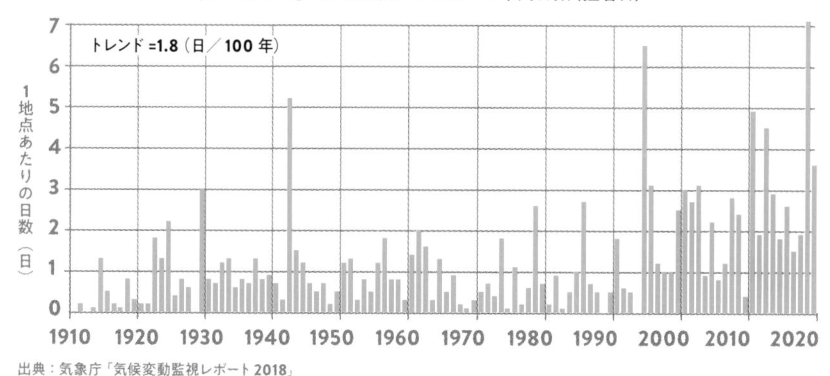

出典：気象庁「気候変動監視レポート 2018」

最高気温が35℃以上の猛暑日の年間日数は、約110年の推移を見ると、確実に増えていることがわかります。直近30年間の猛暑日の平均年間日数は、最初の30年間と比べて約2.9倍に増加しています。

・熱中症による死傷者も増加傾向に……

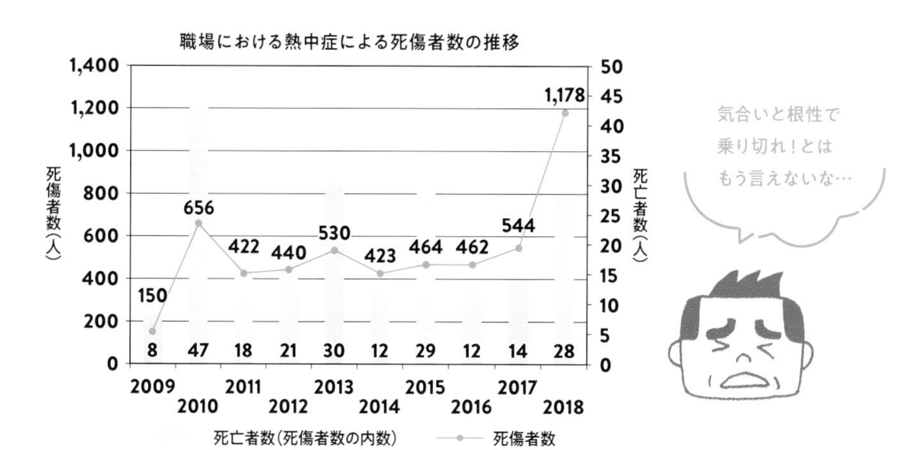

出典：厚生労働省「平成 30 年 職場における熱中症による死傷災害の発生状況」

職場での熱中症による死亡者と死傷者は、2018年までは400～500人台で推移していたが、2018年に死傷者数は1,178名、死亡者数は28名を記録し、大幅に増加しました。

• 5月から熱中症に!? 春も対策は必須!

5月でも気温が
28℃以上になると
要注意！

人間は、暑い環境にさらされ続けると、暑熱順化といってわずかな体温上昇でも汗が出始め、体温を調節することができます。逆に、暑さに慣れるまでは、28℃くらいでも油断していると熱中症になる危険があるのです。

熱中症になるのって
7～8月だけじゃ
ないんだニャ～

救急搬送人員数の年別推移（5～9月）

	2015年	2016年	2017年	2018年	2019年
5月	**2,904**	**2,788**	**3,401**	**2,427**	**4,448**
6月	**3,032**	**3,558**	**3,481**	**5,269**	**4,151**
7月	24,567	18,671	26,702	54,220	16,431
8月	23,925	21,383	17,302	30,410	36,755
9月	1,424	4,012	2,098	2,811	9,532
搬送人員合計	55,852	50,412	52,984	95,137	71,317

出典：総務省消防庁「2019年（5月から9月）の熱中症による救急搬送状況」

• 中高年からリスクが一気に上がる

高齢になるほど、体内の水分が減少し、腎臓の機能が低下して脱水状態になりやすくなります。さらに感覚神経の機能も低下して暑さや口の渇きを感じにくく、水分補給が少なくなりがちになるので、こまめな水分補給や休憩が大切です。

年齢（5歳階級）別にみた熱中症による死亡数（2018年）

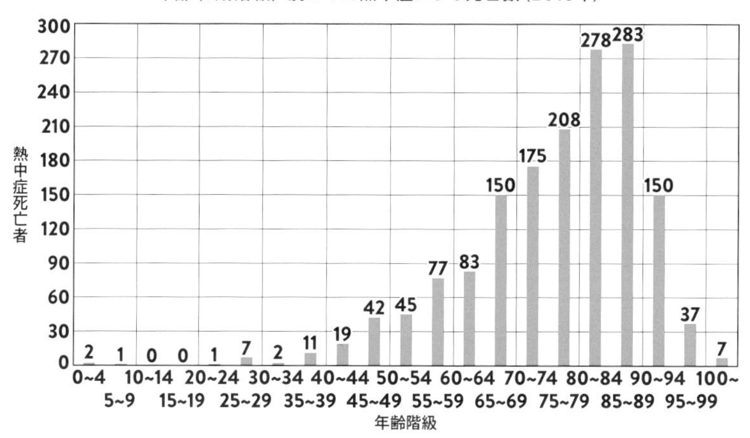

出典：厚生労働省「熱中症による死亡数 人口動態統計（確定数）」

年齢別に見ると、年齢を重ねるごとに熱中症死亡者数が増えていることがわかります。また、40～60代は熱中症になる原因が労働であることが多いため、職場の対策が非常に重要になります。

• 肥満も熱中症の大きな原因に!

肥満だと皮下脂肪が多く、体内の熱が外に逃げにくくなるため熱中症のリスクが上がります。特に現場作業は運動量も多いため、注意が必要です。

建設現場は
熱中症のリスクが一番高い！

ここがPoint!

建設業は熱中症死亡者数が1位

環境省の「WBGT」よりも現場は危険！

暑さが過酷な4つの工程は早めの対策を！

数ある業種のなかで、熱中症による事故件数が最も多いのが建設業です。その理由として大きいのは、環境省が発表しているWBGT（P15参照）よりも建設現場のWBGTのほうが高い場合が多いことです。そのため現場は「熱中症が発生しやすい環境」だと理解して、こまめに水分補給や休憩をとったり、現場監督は注意して作業員を観察するなどきちんと対策を行うことが大切です。

また、中央労働災害防止協会では「熱中症を発症しやすい職場の条件」として、身体負荷の高い作業、長い拘束時間、不十分な休憩、防護服や手袋の着用など、建設現場にあてはまりやすい内容を挙げています。さらに工程によってリスクが高まるなど、暑さ指数以外の点でも建設現場は熱中症のリスクにさらされています。

・建設業は日本でいちばん熱中症による死亡者数が多い

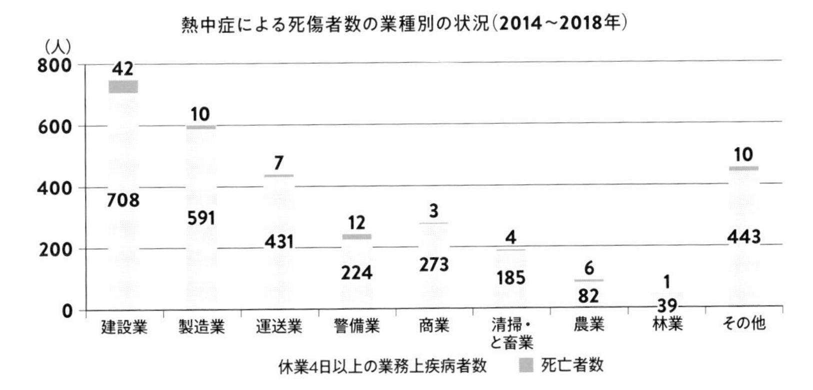

出典：厚生労働省「平成 30 年 職場における熱中症による死傷災害の発生状況」

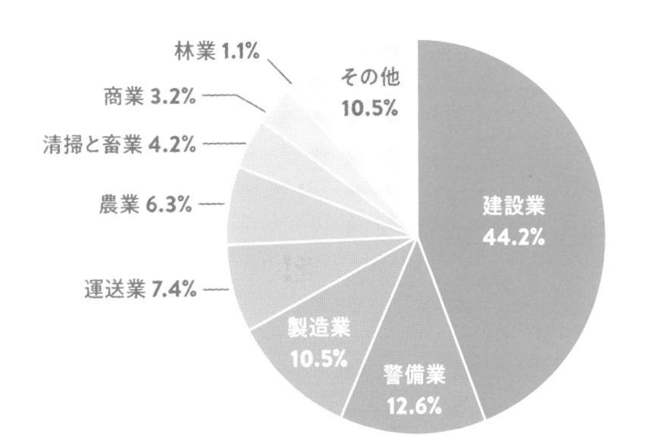

建設業は、全業種のなかで熱中症による死亡者・死傷者数が最多。熱中症による死亡者数は全体の約44%を占めており、リスクが高いことがわかります。熱中症は午前午後関係なく発生し、さらに作業を終えて帰宅してから体調が悪化して病院へ搬送されるケースもあります。

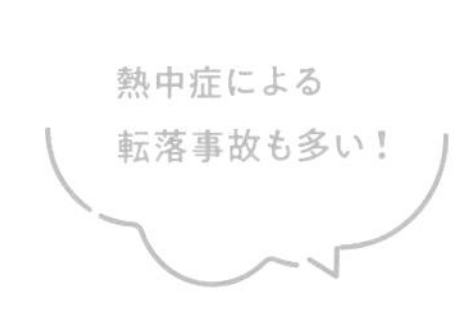

熱中症になると、軽度でもフラッとめまいがしてカラダのバランスを崩すことがあるので高所作業は特に注意が必要です。

・環境省が発表するWBGTより建設現場は暑い！

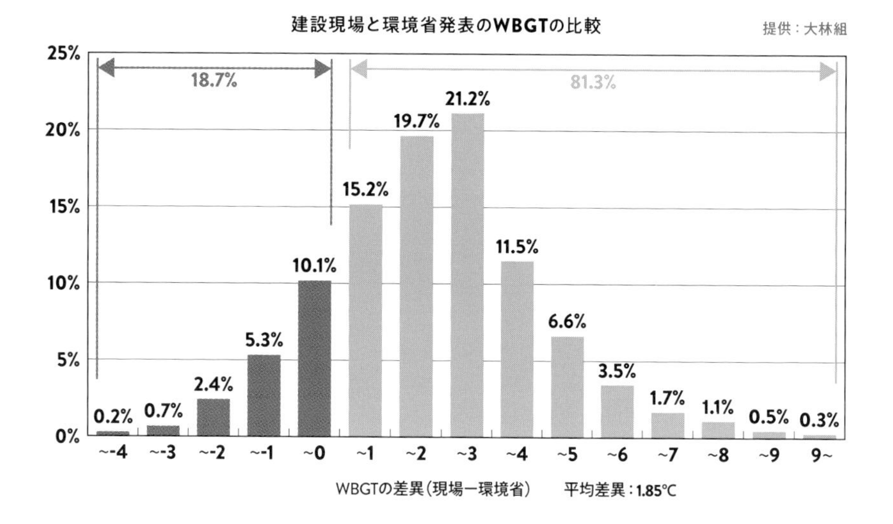

実際に全国12カ所の建設現場で測定したWBGTと、環境省が発表しているWBGTの差を見ると、8割以上のポイントで建設現場の値が上回っていることがわかります。差は＋2～3℃が一番多く、建設現場の夏の過酷さを物語っています。

・屋外作業はさらにリスクが高い

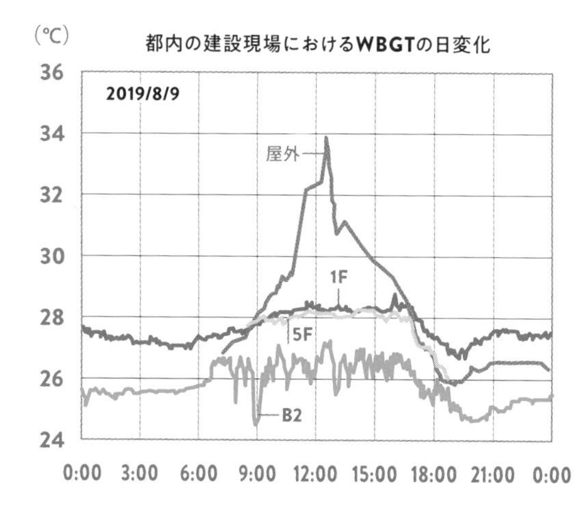

出典：大林組「都内某ビル建設現場における WBGT 日変化」

計測した日では、日射のあたる屋外とあたらない屋内では、最大約6度のWBGTの差がありました。環境省のWBGTが低いときでも、屋外作業の場合は注意が必要です。

• 特にリスクが高い工程4選

他の業種よりも暑さが厳しい建設現場ですが、工程によってもリスクは異なります。
そのなかでも特に負担の大きく、よりケアが必要な現場4つを紹介します。

躯体工事

直射日光のあたる作業場所が多い現場。特にコンクリート打設は、生コンクリートを扱うため、継続的な作業が必要になり休憩が取りづらい環境にあります。

溶接工事

日陰での作業は多いですが、火傷防止のための防護服・防護マスクの着用が必要で、さらに火気を使用するため、より高温の環境下での作業となります。

アスファルト防水工事

屋上など炎天下での作業が多いです。さらに火気を使用するため、より高温の環境下での作業となります。

解体工事、耐火被覆工事

粉じん飛散防止のため密閉空間となり、作業時には防護服やマスクなどの着用が必要となります。風も少なく熱がカラダに溜まりやすい環境です。

• 熱中症になりやすいカラダの状態

二日酔い

お酒を飲むと肝臓や腎臓が代謝のために水分を使い、さらに利尿作用もあるため軽い脱水状態になっています。また、のどの乾きも感じにくくなるため、こまめな水分補給が重要。ちなみに、下痢も同じような状態です。

睡眠不足

睡眠不足だと深部体温（カラダの内部の温度）が高くなりやすく、さらに休憩時に体温が下がりづらくなるなど体温調節機能が低下してしまいます。1日7時間以上の睡眠は何とか確保しましょう。

朝食を抜く

午前中に熱中症になるケースも多く、水分と塩分を同時に摂取できる朝食はとても大切。食べるのが難しい場合は、せめてカロリーのあるものを摂取すると胃腸が動いて発汗を促すことができます。

風邪気味、微熱がある

風邪気味だったり、少し熱がある場合は免疫力が落ちており、体温調節機能も弱くなっているため危険です。熱中症になれば命に関わってくるので、無理をせずに休むことが大切です。

・熱中症になりやすい現場の行動

こまめに休憩せず作業を行う

カラダを動かすと、安静時の10～15倍の熱が発生し、体温が上昇します。さらに、仕事に没頭していると、いつの間にか体温が上がり、突然意識を失うという事例もあります。猛暑日は1時間に1回は休憩を設けるなど、こまめに休みましょう。

水分補給が制限される状況

猛暑時に屋外や冷房のない屋内で作業をする場合、体温上昇や脱水の程度が大きくなります。休憩時にしか水を飲まないなど、水分補給のタイミングを制限するのはNG。作業中は、いつでも水分を補給できる現場の環境をつくりましょう。

体重減少率と運動能力の関係性

パーフォーマンス低下する、
のどの渇きを感じるライン

運動能力
100
80
60
40
20
0

0
2%
4
6
%
体重減少率

※ Bangsbo1992 を参考に作図

・2%の脱水で運動能力も落ちる

熱中症にかかわらず、体重の2%以上の水分が失われると、カラダのさまざまな機能が低下してパフォーマンスが低くなります。「のどが渇いた」と感じたときにはすでに脱水のレベルがパフォーマンスに影響するレベルに達しています。

熱中症にならないためには
体感温度を下げることが大切

ここがPoint!

- 猛暑のつらさは**気温だけが原因じゃない**
- 体感温度が低いと**心もカラダもラクになる!**
- **風や日射**で体感温度はコントロールできる

猛暑対策は、気温だけを見ていてはいけません。
重要なのは、体感温度を適切にコントロールすることです。
体感温度とは、「暑い気がする」といった個人の感覚のことではなく、気温、湿度、風（気流）、放射（日射や路面からの照り返しなど）、代謝量（運動量）、着衣量を総合した「人間が感じる暑さ」のことです。夏季になると、「35℃超え！」といった気温ばかりに目がいきがちですが、体感温度は日射を防ぐだけでも7℃程度低くなったり、風を浴びるだけでも下がったりします。また、体感温度が高い環境＝熱中症にかかりやすい環境であるため、熱中症のリスクを減らすためにも体感温度は重要な指標になります。また、体感温度が低いと「快適」と感じるため精神的にもラクになるのです。

体感温度は感覚の問題ではない

私たち人間は、気温だけではなく、湿度、風、放射、代謝量、着衣量といった要素をトータルして「暑い」と感じます。それが体感温度のことで、決して感覚的な数値のことではないのです。

風速が1m/s増すと体感温度が1℃下がる「リンケの体感温度」という考え方があるほど、体感温度のなかでも風の力は大きいです。ただし、環境によって効果は変わります。

心理的にラクになる効果も

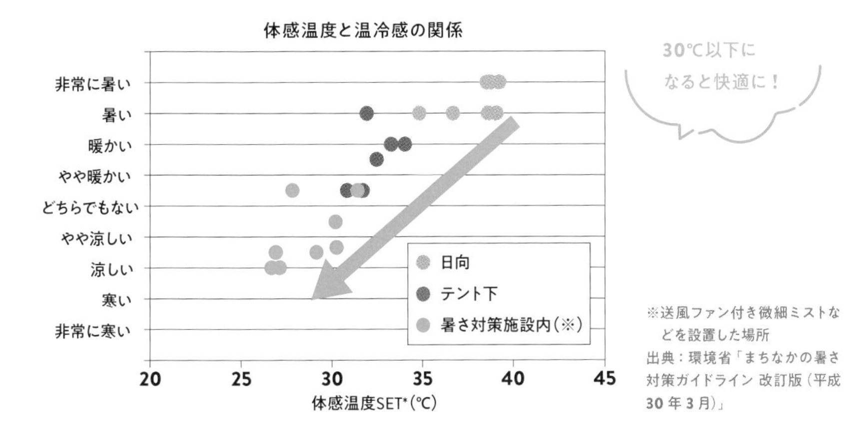

※送風ファン付き微細ミストなどを設置した場所
出典：環境省「まちなかの暑さ対策ガイドライン 改訂版（平成30年3月）」

体感温度が下がると、心拍数や皮膚温が下がるといった生理的な面だけではなく、心理的に快適だと感じる効果もあります。環境省の実験では、体感温度が30℃以下になると、心理的には「涼しい」と感じやすいとの結果がでています。

体感温度を下げる方法を知っておこう

ここがPoint!

- 建設現場は温度、湿度、着衣量、代謝量の条件が過酷
- 風と放射はカラダの熱を奪うことが可能
- カラダを冷やせる新たな機能伝導も活用しよう

体感温度を下げるためは、P30で紹介した6つの条件をまず理解しなければなりません。まずわかりやすいのが温度、湿度、着衣量、代謝量です。基本的には温度、湿度は低いほど、着衣量、代謝量は少ないほど体感温度が下がります。しかし、建設現場では、温度と湿度は指標となるWBGTが通常より高くなる、安全のため長袖を着用するなど着衣量の条件は限られる、常に作業で動いているため代謝量は高くなるなど、この4つの条件は容易に変えられません。

そこで重要になるのが風、放射です。この2つにはカラダから放熱する力があります。さらに風は対流と蒸発という2つの機能があるため、より有効的です。ほかにもカラダを直接冷やす伝導という方法も効果的です（P118参照）。これらの機能をうまく使って、体感温度をコントロールしていきましょう。

・カラダの熱を奪える4つの条件

対流

気温が皮膚温よりも低いときに空気に放熱して皮膚を冷やすこと。風が強いほど放熱のスピードが速くなります。ただし、風の温度が皮膚温（35℃前後）より低いことが条件です。

蒸発

いわゆる気化熱のこと。汗が蒸発するときに皮膚から熱が奪われ涼しさを感じます。風が加わると蒸発の効果が高まって効果的。ただし、湿度が高いと効果を発揮しづらいです。

この2つは風による影響が大！

・ちなみに…

銭湯でお風呂から上がったあと扇風機の前に立つと強烈に涼しく感じるのは、対流＆蒸発が同時に発生しているからなのです。

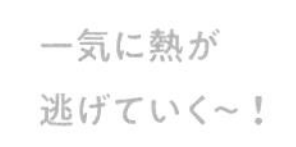

焚き火は放射の力で
温かく感じるのです

放射

放射は電磁波の波の動きで熱を伝えます。焚き火から熱を受けるときをイメージしてみてください。皮膚温(35℃前後) より高いものが周りにあると気づかないうちに放射で熱を受けているのです。逆に、皮膚温より低いものがあると熱を逃がすことができます。

太陽の日射も放射の熱です。特に屋外で作業していると、常に放射を受け続けている状態になるので危険です。そのため、直射日光を防ぐことが重要になります。

伝導

触れたものの温度が伝わるのが伝導です。熱いものに触ると熱をもらい、冷たいものに触ると熱が奪われて冷たくなります。血液に直接影響を与えるので、全身にまで効果が広がります(詳しくはP118参照)。

・建設現場では過酷な場合が多い4つの条件

温度

温冷の度合いを示す数値で気温のこと。30℃を超えると「真夏日」、35℃を超えると「猛暑日」と呼ばれています。夏季に最も注目されますが、熱中症対策には気温以外の要素も重要です。

湿度

空気中に含まれる水蒸気量を比率で示した数値。湿度が高いと汗が蒸発しづらいため、カラダへの負荷も大きく不快に感じます。猛暑のつらさを表すとき、気温とともに重視されています。

着衣量

衣服の熱抵抗を表し、着ている衣服の種類や量のこと。皮膚の表面から逃げる熱の量が快適さを左右するため、基本的には、半袖よりも長袖を着て作業するほうが暑くなります。

代謝量

活動量や作業強度を表すもの、運動量。カラダを動かす量によって暑さが変わります。常に動いて作業していると、熱を生み出し続けている状態といえます。

Column 

もし熱中症になったら やるべきこと完全ガイド

熱中症には、「この症状が出たら熱中症」と言える特異的なものが、実はありません。過去の死亡事故でも、顔面紅潮、めまい、ふらつきなどの症状が出始めてから間もなく意識を失っている事例もあります。手遅れにならないように、現場監督はもちろんのこと、作業員同士でお互いに声をかけ合いましょう。相手に異変を感じたらすぐに日陰の涼しい場所に移動させて、体調を確認したり休ませることが重要です。実際に熱中症と見られる症状になったらどうしたらいいかを具体的に覚えておきましょう。

応急処置の最短ルート

水をカラダにかける

熱中症の症状があり、体温が40℃近い場合は、ホースで水を全身にかけてカラダを冷やしましょう。同時に救急車を呼び、医療機関への搬送が必要です。その際、必ず寝かせてラクな状態にしておきましょう。

or

氷で冷やす

熱中症の症状があり、体温が38℃台の場合は首筋、脇の下、足の付け根、足首といった部分を氷で冷やしましょう。同時に水分・塩分補給も行い、体調がすぐれない場合は医療機関に行きましょう。

熱中症の疑いがあったら?

意識の確認

意識がはっきりしている

意識がない、返事がおかしい、全身が痛い、など

すぐに救急車を!

到着を待つ間に

❶ 涼しい場所へ避難させる
❷ 衣服を脱がせる
❸ 体温を確認して、水をかけるか氷で冷やす処置を行う。熱中症の症状が出ていたら、たとえ回復してもその日の作業は行わず涼しい場所で過ごすようにする

水分を自力で飲めるか?

自分で飲めない

自分で飲める

水分と塩分の摂取

回復しない

医療機関へ

回復!
経過観察

建設現場ってこんな危険なんだな…
熱中症ってこんなに怖いのか…
今年こそちゃんと対策しよう…
熱中症対策
熱中症とは

2章

効果的に使うために知っておきたい

ファン付き作業服のきほん

そもそも、風が猛暑の救世主になるワケ

ここがPoint!

気温35℃以下なら風が直接熱を奪ってくれる!

汗をかけば風が蒸発を促進させる

屋内作業は風の出口をつくることがカギ

体温を調節するうえで、「風」(対流・蒸発)はとても大きな役割を果たします。ここで、1章で覚えた体温調節の仕組みをおさらいしてみましょう。人間は、体内でつくられた熱を外に逃がすことで体温調節をしています。熱がなかなか奪われないと暑く感じ、早く奪われすぎると寒く感じます。放熱の方法は、①空気に放熱（対流）②発汗・蒸発して放熱③まわりのモノに放熱（放射、伝導）の3つです。この3つの方法のうち、①と②には風が必要です。①はそもそも風がないと熱が逃げませんし、②で汗が蒸発するためには風が必要だからです。

人間はこの3つの方法をすべて使って熱を逃がしていますが、その割合は外の気温によって変わります。気温が高くなるほど①と②の割合が大きくなるため、夏こそ風を有効に使うことが大切になってくるのです。

● 風にのって熱は温度が低いほうへと移動する

そもそも熱は、温度が高いところから低いところへと動きます。人間のカラダの表面温度は34～35℃なので、それよりも気温が低いときに皮膚から空気へと熱が移動していきます。つまり、カラダよりも冷たい風が送られ続ければ、涼しく感じるということなのです。皮膚温と気温の温度差が大きく、風速が強いほど多くの熱が移動します。

● 風は「気化熱」という特別な力を使う

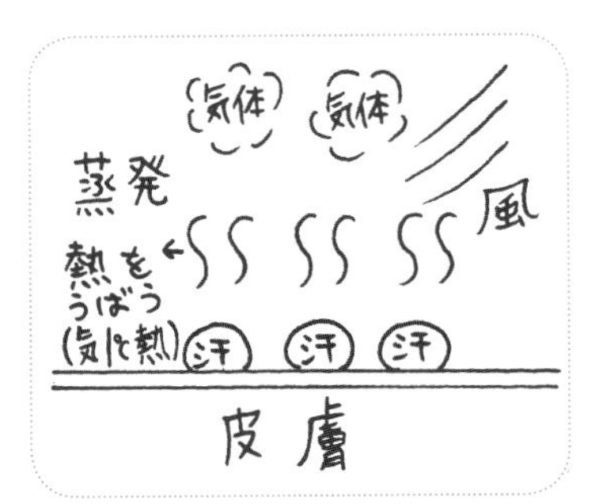

上記のほかに風でカラダを冷やす方法として気化熱があります。これは汗が蒸発するときに皮膚の熱を奪う機能のことで、風によって蒸発をさらに促すことができます。すなわち、風は2つの方法によってカラダを冷やせるのです。

● 屋内の風は入り口と出口が必要

屋内作業の場合は、自然の風をうまく取り込むことも大切なポイントになります。風は入り口と出口がないとうまく流れないため、二面以上の窓を開けるのが理想的。風の通り道をつくることで、熱い空気を外に追い出します(P102参照)。

理想的な作業服には 3つの条件がある

ここがPoint!

誤った作業服選びは熱中症のリスクを高める

建設現場の作業服は機能性が重要!

ファン付き作業服は「夏に適した作業服」 にあてはまる

作業服の種類によっては、熱中症になりやすいものもあります。
それは、着用している人が熱を逃しにくいような服です。特に通気性が悪い厚手の服、皮膚が広く覆われている長袖や長ズボンなどは、体内の熱を外に逃がしにくいことから、基本的に熱中症を発生しやすくするといえます。

理想は、吸水性と通気性に優れ、熱を吸収しにくい白に近い色味で、薄手の生地の軽装スタイルですが、建設現場では作業時の安全を確保するため、長袖、長ズボンを着用しなければならない場合がほとんど。そんな建設現場で有効なのが、ファン付き作業服です。服に取り付けられたファンから風を送ることで、カラダから熱を奪う効果が確認されており、まさに夏に適した作業服といえるでしょう。

• 仕事用の作業服に求められることは?

仕事用の作業服には、着用感の良さや作業効率の良さなどを備えた「機能性」、他者から見た「審美性」、企業や職種のイメージを表した「象徴性」が求められます。建設現場の場合、作業時に接客やサービスをすることはないので、もっとも重視すべきなのは機能性といえます。

機能性

運動機能／衣服気候／身体保護

審美性

他者からみた美しさ／集団としての美しさ

象徴性

企業・職種のイメージを形・色・素材で表しているかどうか

➡ 現場作業でもっとも重視されるのは機能性!

出典 :『労働の科学 21 (3) 1966』内の「作業服は、その着用目的から機能性・象徴性・審美性の三要素が要求される」うらべまこと (大原記念労働科学研究所)

• 建設現場で使う理想的な作業服の3つの要素

快適な衣服気候

作業中の動作が拘束されない

外界の危害から防護してくれる

人体の皮膚と衣服の間の環境（衣服気候）は、温度約32℃、湿度約50%、気流約0.25m/secが快適です。比較的湿度の高い日本では、通常の作業服では汗を効率的に気化させることが難しいため、ファン付き作業服が有効なのです。また、建設現場での作業のしやすさ、破れにくいといった防護性が高いことも大切なポイントです。

簡単にわかる

ファン付き作業服の仕組み

ここがPoint!

風が上半身全体に流れて涼しい!

ファンは風量が選べて、取り付けも簡単

バッテリーは存在が作業の邪魔にならない

ファン付き作業服とは、バッテリーで動く小型のファンが装着された作業服のこと。ファンによって外から空気を取り込むことで、効率的に汗の蒸発を促し、気化熱によりカラダを冷やす仕組みです。そのため、建設現場のようなエアコンなどを使用できない環境でも、快適に作業をすることができます。また、使用するエネルギーはエアコンなどに比べて格段に少ないため、電気代もあまりかからず、環境にも配慮した製品です。

現在では、どのような職種の人でも着用できるように豊富なウェアがあり、生地もポリエステル、綿、綿とポリエステルの混紡素材など多彩です。はじめにファン付き作業服を開発した（株）空調服をはじめ、さまざまなメーカーが参入しており、毎年、豊富なデザインのものが販売されています。

ファン付き作業服は、こうして涼しくなっている!

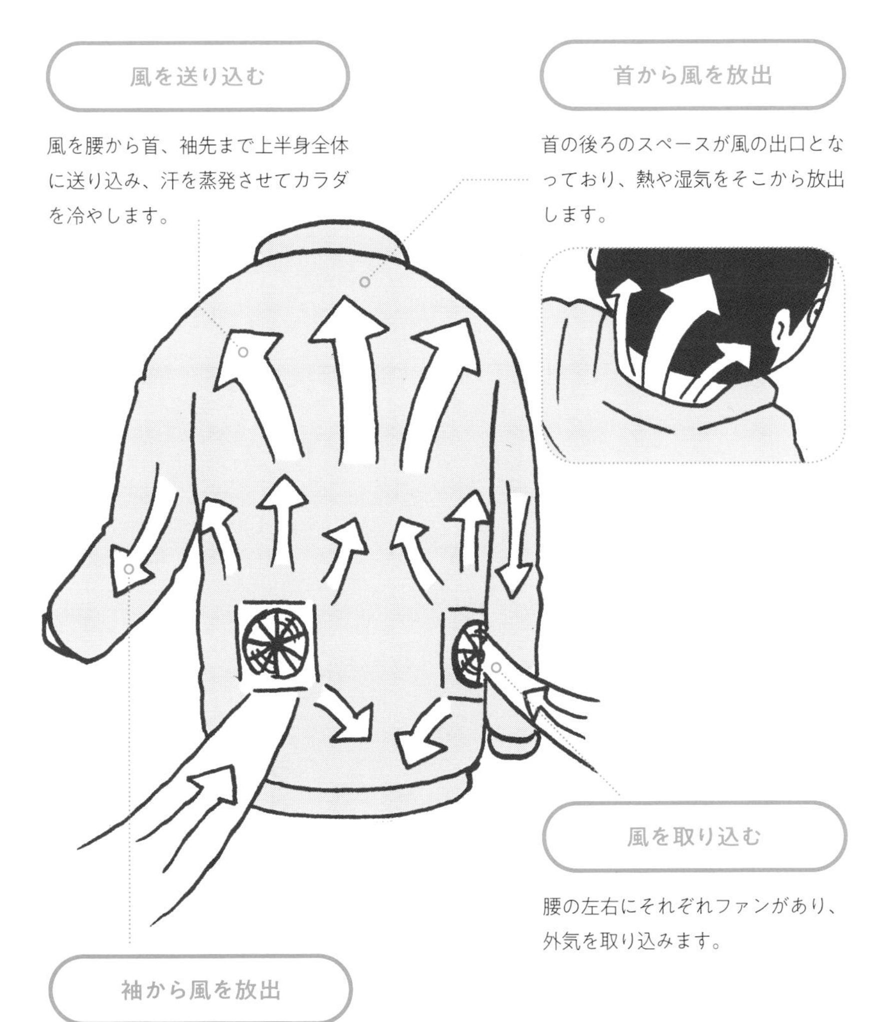

袖からも風が抜けるようになっているため、袖先までしっかり風が流れ、腕も冷やすことができます。

腰まわりに設置された2つのファンにより服の中に大量の空気が送り込まれ、服とカラダとの間に風が流れます。風は汗を蒸発させてカラダを冷やしながら上方向に流れ、首元と袖口から外へ排出されていきます。素材や形状の種類が豊富で、正しく選べばどのような現場環境でも着られます(詳しくは3章参照)。

• ファンは風量の異なる2種類がある

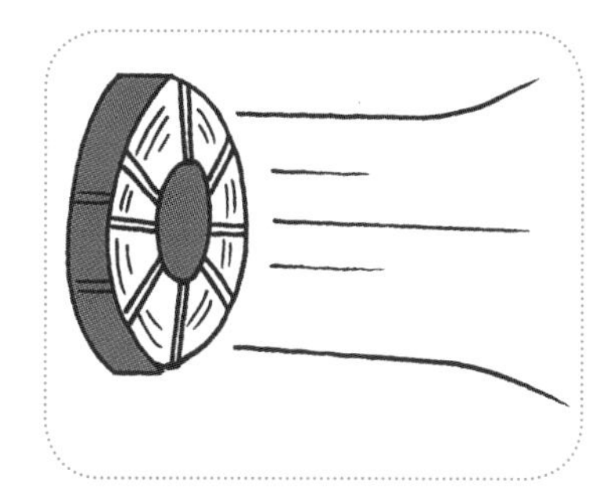

通常ファン

カラダが快適になる風量を確保している一番ポピュラーなタイプ。熱中症対策としてファン付き作業服を使う場合、基本的には通常ファンの性能で十分効果を期待できます。

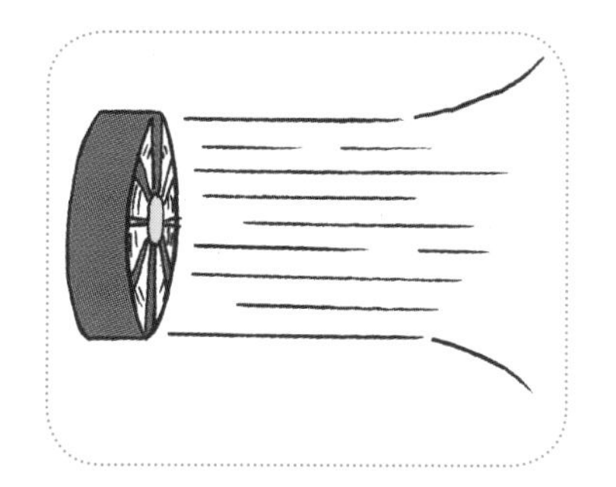

パワーファン

通常ファンの1.5倍近くの風量を持つファン。より風を感じ快適感を得たい人はこちらがオススメです。ただし、通常ファンに比べてバッテリーの持ち時間は短くなります。

• 3ステップでわかるファンの取り付け方

上からはめ込むタイプの場合、ファンに付いているツメが横に並び、ケーブル差込口が下向きになるように、ファンの位置を調節しましょう。

リングをファンの上にかぶせて、カチッと音が鳴るまで押し込みます。取り外す場合は、リングをキュッとつまんで外します。回転してはめ込むタイプは、リングを回し込むだけでOK。

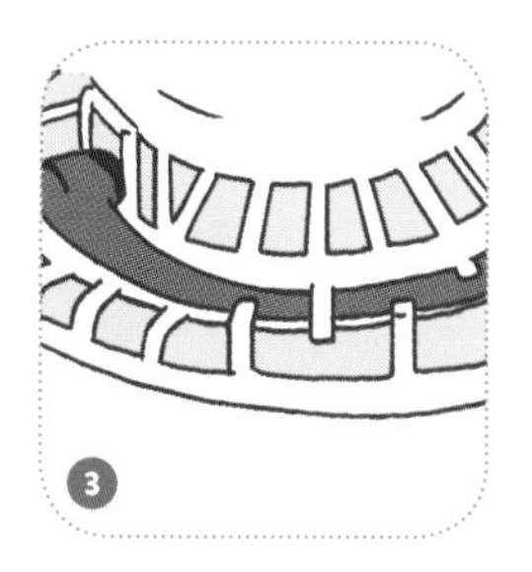

ファンを取り付けたら両方のファンをケーブルにつなげて、ケーブルを固定できる場合はしっかり固定します。後はバッテリーにつなげて、スイッチを押せば起動します。

バッテリーは重くなくストレスにならない

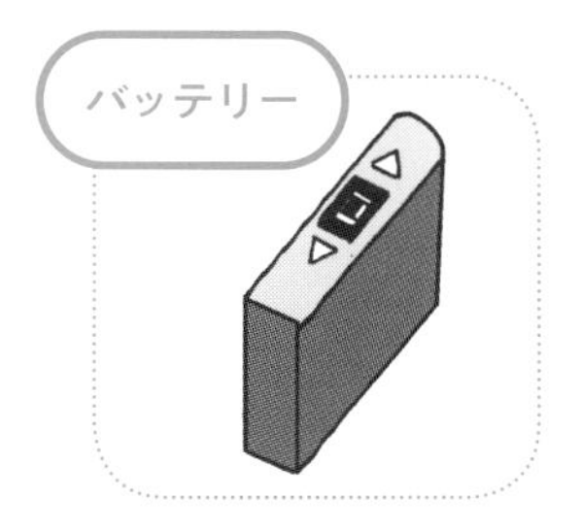

使用するファンの風量によって持ち時間が変わります。風量はバッテリーのボタンで操作できます。

充電時間は早くても4時間、遅いと8時間以上かかるため前日には充電しておきましょう。

裾の部分にふたつのファンを取り付け、専用のケーブルでファンとバッテリーをつなぐと起動します。ウェアの内側にはバッテリー専用の収納ポケットがあり、そこからケーブルをつなげるので作業中も気になりません。

風の流れを増やす調整紐があるものも

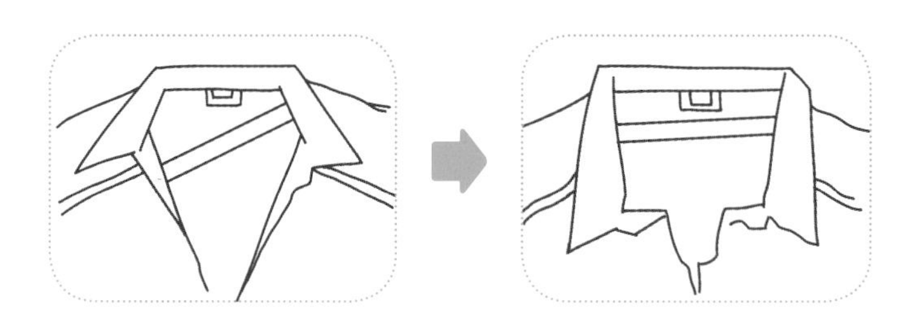

襟の内側に調整紐が付いているファン付き作業服もあります。ボタンで簡単に取り外しができ、紐をつなげると首元とウェアの間に風の通り道ができ、衣服内をより涼しく快適な環境にできます。

ファン付き作業服の有効性❶

蒸発の力を最大限生かしている

ここがPoint!

気化熱の力を存分に発揮できる仕組み

着るだけで皮膚温が1℃以上下がる!

気温が高いときでもカラダの熱を奪う

すでに覚えたように、風には対流と蒸発という2つの体温調節機能を働かせる役割があります。特に蒸発による気化熱は、汗を活用しているため、気温が高くても十分効果を得られます。

激しい運動をすると、1時間に1,000cc以上の汗をかきます。それがすべて蒸発するとき、気化熱によって約580kcalもの熱がカラダから奪われます。たとえば、重労働である木びきを1時間行い続けた場合、産熱量が約480kcalと考えると、いかに気化熱の力が大きいかがわかります。しかし、快適な作業服を着ていなかったり、湿度が高かったりすると、うまく汗を蒸発させることができません。そこでファンによって服の中に空気を送ることで、効率よく汗を気化させ、カラダの熱を奪うことができるのです。

・衣服内の汗を効率よく蒸発させて外へ逃す!

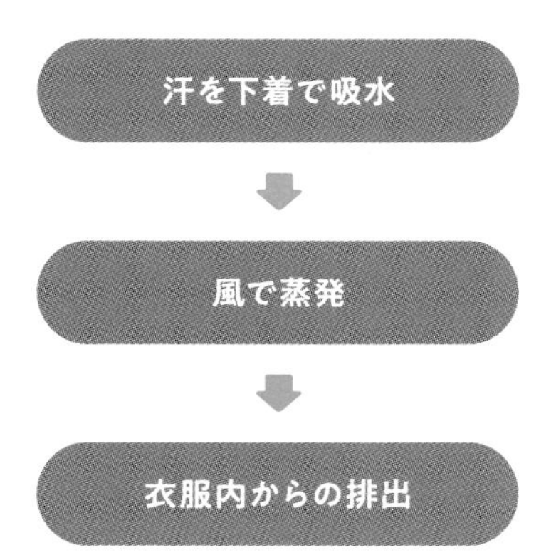

ファン付き作業服は、汗を下着で吸水して風で蒸発させ、首や袖にある出口から逃げていくという仕組みです。衣服内の湿度が高くなると、汗が蒸発しなくなるため、通常の作業服では蒸発に限界がくることもあります。熱だけではなく、常に衣服内から湿気を逃せることも、ファン付き作業服が有効的な理由のひとつです。

・気化熱の力をうまく利用しているから皮膚温が下がる!

気温34℃、湿度50%の環境下では、ファン付き作業服を着用している人のほうが、背中や腹部の皮膚温が低下しているのがわかります。人間は上半身に汗を多くかくので(P51参照)、この結果から、汗を効果的に蒸発させていることで皮膚温が下がったと考えられます。また、気温34℃では対流による冷却効果は低いため、気化熱の力による効果といえます。

ファン付き作業服の有無による
背部の皮膚温の平均値の違い

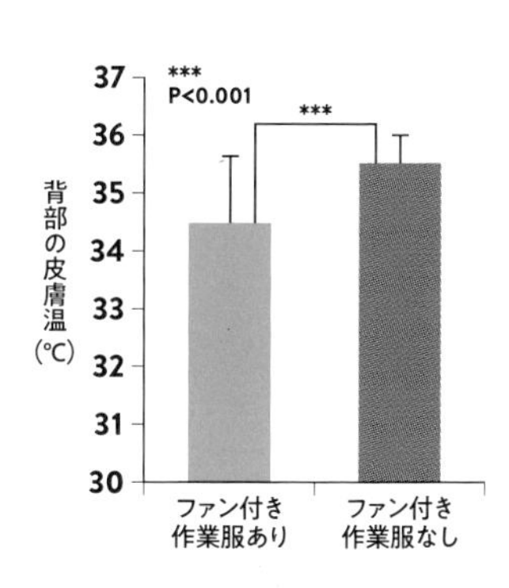

ファン付き作業服の有無による
腹部の皮膚温の平均値の違い

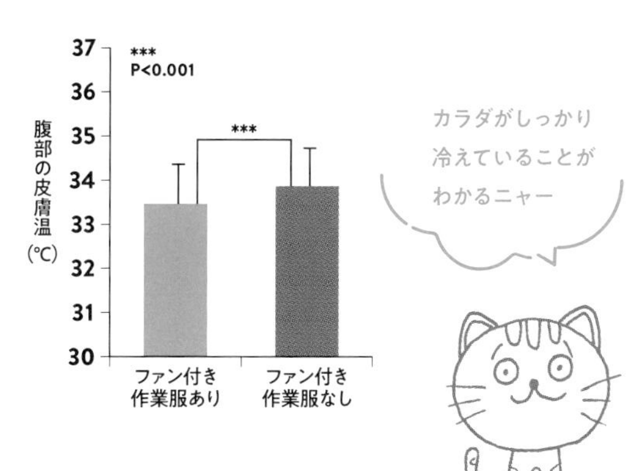

出典:「人工気候室での模擬作業がファン付き作業服を着用した建設作業員の生理・心理反応に及ぼす影響」山崎慶太、桒原浩平ほか(日本建築学会環境系論文集 第83巻 第748号.543-553.2018年6月)

ファン付き作業服の有効性 ②

汗を効率的にかけて快適に

- カラダを冷やす**有効発汗**が多い!
- **快適感も大幅に上がって**心理的にもラクに
- カラダへの**負荷も軽減される**

汗には、蒸発してカラダを冷やす「有効発汗」と、蒸発できず流れ落ちてしまう「無効発汗」があります。無効発汗が増えると、カラダの熱を放散することができないため、なんとか体温を下げようと、さらに汗を出し続けます。そのため、カラダはどんどん脱水状態になっていき、増える汗も蒸発できず体温も下がらないので、熱中症のリスクが高くなるのです。

汗をかく汗腺は全身にありますが、すべての部分で同じように汗をかくわけではありません。一般的には、胸や背中のような体幹部にたくさん汗をかきます。ファン付き作業服は、体幹部にダイレクトに風を送るため、効率的に汗を蒸発させることができます。また、現場で実際に着用した実験では、心理的にも良い効果があることもわかりました。

・汗には、カラダを冷やしてくれる汗と冷やさない汗の2種類がある

体温調節に作用する汗のこと。すなわち、蒸発して気化熱としてカラダを冷やすことができた汗。これまで解説してきた蒸発の効果は、有効発汗から生まれたものです。有効発汗が多いと、熱中症になりづらいです。

体温調節に作用しない汗のこと。すなわち、蒸発し損なってカラダを冷やすことのない、ただの水分となった汗。体温が下がらないうえに体内の水分損失が多くなるため、無効発汗が多いと熱中症のリスクが高まります。

・上半身に風を送ることが重要

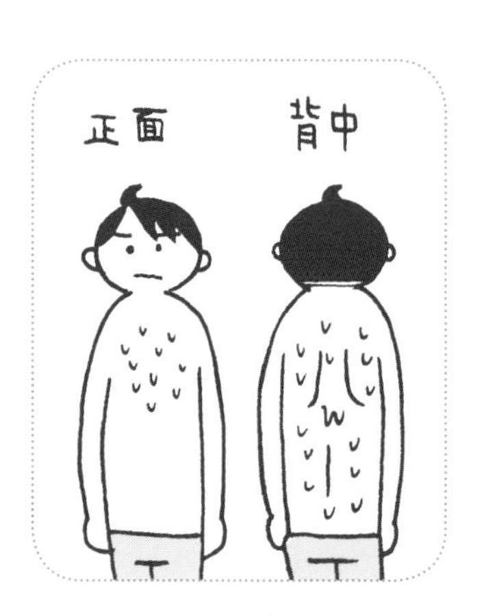

人間は、全身に均一に汗はかきません。上半身、特に体幹部に多くの汗をかくため、そのあたりをいかに気化熱として生かすかが重要です。その点、ファン付き作業服は上半身に風をしっかり流し、汗を効率よく有効発汗にできます。

• ファン付き作業服は衣服に残る汗の量が少なくなる

作業現場の気温・湿度を人工的につくり出した「人工気候室」で、現場作業員に実際の現場作業と同じ活動量の運動を行ってもらった結果、飲んだ水の量が概ね同じなのにも関わらず、ファン付き作業服を着用しているほうが、衣服に残った汗の量が少なくなったということが確認されました。この結果から、ファン付き作業服を着たほうが汗を効率的に蒸発させ、有効発汗を増やすことができるといえます。

ファン付き作業服の有無による着衣残留汗量の違い（気温34℃、湿度50%の場合）

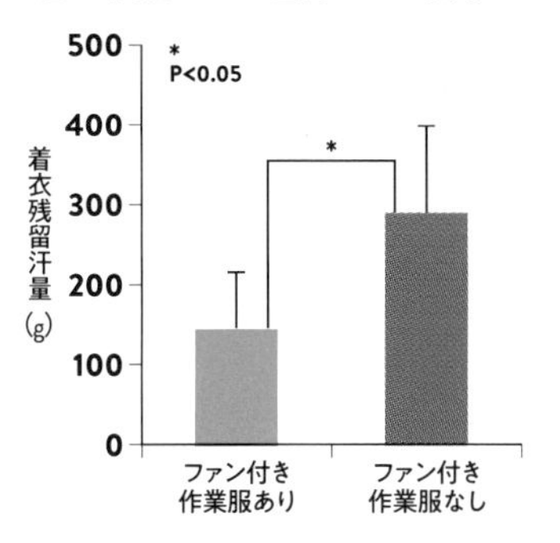

ファン付き作業服の有無による着衣残留汗量の違い（気温29℃、湿度50%の場合）

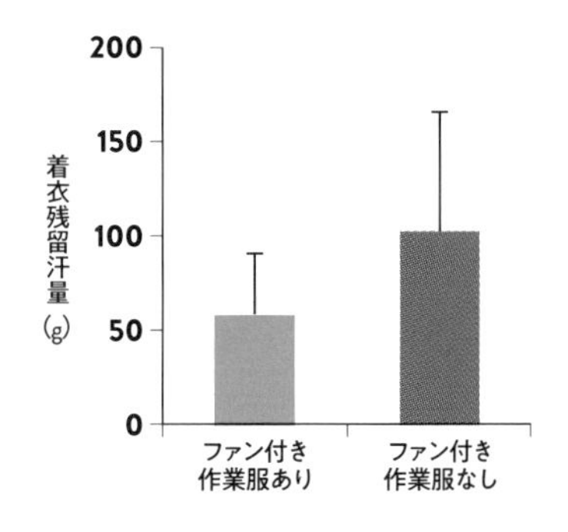

この実験では、ファン付き作業服を着ている人のほうが作業後の体重減少がおさえられたこともわかりました。つまり、ファン付き作業服を着ることによって、汗の蒸発が促進され皮膚温が低下し、発汗量をおさえられたと考えられます。

※ファンの風量は最大風量 30L/s、ひとりはファンつき作業服を着用、もうひとりは長袖 T シャツのみ

出典：「人工気候室での模擬作業がファン付き作業服を着用した建設作業員の生理・心理反応に及ぼす影響」山崎慶太、桒原浩平ほか（日本建築学会環境系論文集 第 83 巻 第 748 号 .543-553.2018 年 6 月）

• 休憩中に冷房空間で使うと、一気に冷える

気温が35℃を超える環境の場合、どうしても気化熱の効果に依存しがち。そこで、冷房のきいた空間など外気の温度が低いところでファン付き作業服を着用すると、対流の効果でカラダがさらに冷えやすくなります。休憩中にスーパーやコンビニに買い物に行くと、冷たい空気がカラダに巡り一気に体温が下がることが実感できるはずです。涼しい休憩室がある場合は、そこで休むのも効果的です。

・屋外でも屋内でも快適感が上がる

ファン付き作業服の有無による
快適感の違い（屋内作業）

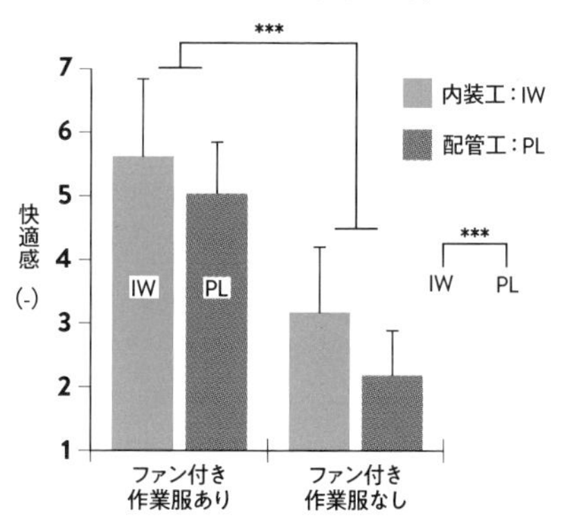

ファン付き作業服の有無による
快適感の違い（屋外作業）

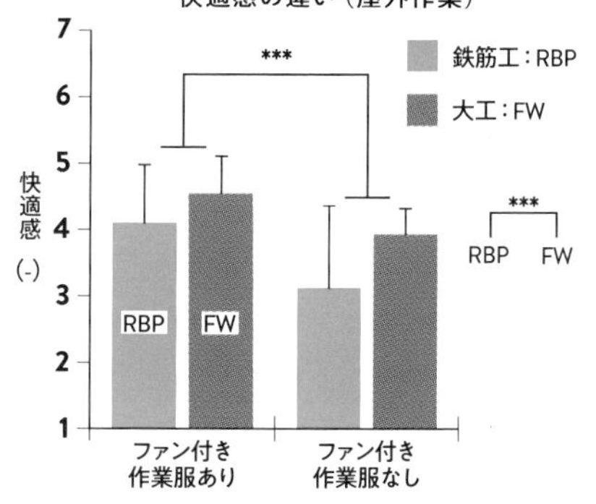

屋内・屋外の作業現場において、ファン付き作業服の有無で快適感がどれほど異なるかを実験すると、グラフのようにファン付き作業服を着たほうが快適感が高い結果になりました。実際に現場で着用した作業員からも「涼しい」という声もあり、猛暑日の作業現場で使うと心理的にラクになる効果も見込めることもわかりました。

出典：「ファン付き作業服が建設作業員の生理・心理反応に及ぼす影響と他の要因に関する研究　建設現場における実態調査　その1」山崎慶太、菜原浩平ほか（日本建築学会環境系論文集 第83巻 第747号 .453-463.2018年5月）

まだまだ
やれるっス

いつもより
カラダが
ラクだな

・いつもより作業がラクに感じる！

有効発汗が多く、猛暑でもカラダを効率的に冷やしてくれるファン付き作業服。汗の量も減らせているので、そのぶんカラダへの負荷も小さくなる一石二鳥のアイテムです。

効果倍増!?ファン付き作業服をさらに涼しく着る方法

ここがPoint!

袖の長さは作業環境・作業内容に合わせて選ぶ

作業開始時から着用するのが効果的

速乾性のあるインナーを組み合わせる

ファン付き作業服は選び方、着方によって快適さが大きく変わります。

選ぶときに最初に迷うのが長袖、半袖、ベストタイプのどれにするかということ。建設現場の場合、安全性から基本的には長袖の着用が望ましいですが、通常の作業服だと熱中症のリスクが心配です。ファン付き作業服なら、長袖だと袖先まで風が流れるため、対流や汗の蒸発による気化熱で快適に作業を進められます。そのため、長袖を選んでも問題ありません。

また、着るタイミングは「作業開始前」と覚えてください。午前中も発汗するので、最初から着用していると、より効果を発揮できます。家から出かけるときに着ていくと間違いはありません。さらにここでは、効果的なファンの風量の調節方法や、正しいインナーの選び方も紹介します。

• 長袖、半袖、ベストタイプの特徴

ファン付き作業服は、長袖、半袖、ベストタイプにわかれています。長袖だと、熱がこもって暑そうに思えますが、ファン付き作業服だと袖先まで風が流れるため、長袖でも十分作業を進めることができます。特に安全性を重視する建設現場には適しています。半袖やベストタイプは、体幹部の風量が長袖に比べて増えるため、長袖を着用する必要がなかったり、腕の熱が気にならなければオススメです。

長袖タイプ

見た目は一番暑そうで、「暑いのに長袖!?」と思うかもしれませんが、袖先まで風が届くため、安全性を重視する建設現場に向いています。

半袖タイプ

夏にはうってつけのスタイルで、見た目も涼しいです。長袖必須ではない物流倉庫などで人気のほか、日常使いにも向いています。そのため、ファッション性の高いアイテムも多いです。

ベストタイプ

肌の露出が多いため、ケガをする恐れのある作業現場にはあまり向きません。ただし、アンダーウェアとして活用するなど、使える幅が広いため、いろんなシーンで使いたい人にはオススメです。

● 作業開始時から着用するのが効果大!

ファン付き作業服の着用時間ごとの発汗量を測った実験では、午前と午後で発汗量にほとんど差がないことがわかりました。そのため、「気温が高くなる午後から着よう」と思わず、朝一番から着るようにしましょう。

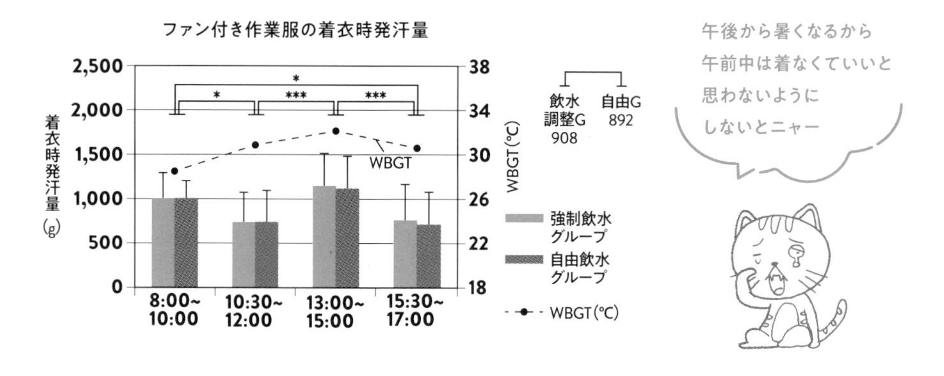

出典:「ファン付き作業服が建設作業員の生理・心理反応に及ぼす影響に関する研究　第14報 水分損失や深部体温に及ぼす影響」山崎慶太、桒原浩平、傳法谷郁乃ほか(第43回人間―生活環境系シンポジウム 2019年)

※ 8:00 ~ 10:00、13:00 ~ 15:00 に比べ 10:30 ~ 12:00、15:30 ~ 17:00 のほうが発汗量が少ないのは、測定した時間が少ないため

● 出勤前に気温やWBGTを必ずチェック!

特に5~6月は、朝、現場に出かける前に必ずテレビやネットで気温やWBGTを確認を。対策が必要となっていたり、普段より気温が高くなっている場合は、ファン付き作業服を着て現場に行くようにしましょう。

午前中に熱中症になるケースも多いので、気温が少し低いからといって油断は禁物です。

• 風量は切り替えて使おう

風量は、使用環境に応じて切り替えて使うといいです。猛暑日の屋外の建設現場のような過酷な環境では風量MAXが望ましいですが、風量が少し弱くても効果は得られるため、バッテリーの残量を見ながら調節しましょう。また、休憩時にエアコンのきいた涼しい室内に長くいるとカラダが冷えすぎてしまうため、涼しいからといって風量MAXで使い続けるのは避けましょう。

• 肌着は吸水速乾性の高い、薄手のものを

ファン付き作業服は、その下にインナーを着用して使います。インナーは、速乾性の高い、タイトフィットウェアや薄手の半袖Tシャツがオススメです。汗で濡れたら機能性が落ちてしまうため、こまめに着替えましょう。また、ファン付き作業服のウェアも濡れたら乾かしたり、着替えを持っているとより効果的に使えます。

タイトフィットウェア

肌に密着し、速乾性も高く現場でも人気。接触冷感タイプもありますが、暑い環境では効果はあまりありません。コンプレッションウェアもこの仲間。

薄手の半袖Tシャツ

半袖Tシャツを選ぶ場合は、できるだけ速乾性が高く薄手のものにしましょう。厚手だとファン付き作業服の着用効果が落ちてしまうおそれがあります。

実際に使ってわかった
ファン付き作業服の効果

ここがPoint!

体温も心拍数も下げて脱水がおさえられる

実際に使うと「涼しい」と回答する作業員も

集中力アップやニオイ軽減といった声も

ファン付き作業服を着て、実際に体温が下がるのか、また快適に感じるのかについての実験と作業員にヒアリングした結果が報告されています。

まず、作業現場と同じ環境を人工的につくり出した空間で、作業員に実際の現場作業と同じ活動量の運動を行う実験をすると、ファン付き作業服を着用しているときのほうが全身の皮膚温が下がり、心拍数の上昇も抑えられるという結果になりました。人間は、体内の水分が2%減ると大きく運動能力が低下します。体温や心拍数と汗の量には相関関係があるため、体温が0.1℃、心拍数が5～10程度変わり脱水がおさえられると、パフォーマンスにも影響を与えます。

さらに、作業員に現場でファン付き作業服を着用してもらい、聞き取り調査を行うと「涼しい」、「肌着が乾く」など、ポジティブな意見がありました。

・平均皮膚温や心拍数を下げる効果あり！

下のグラフは、ファン付き作業服を着用した建設作業員が、屋外工事を想定した気温34℃、湿度50％の環境で作業を行った実験によるもの。ファン付き作業服を着用すると全身の平均皮膚温、舌下温度が低下し、心拍数の上昇をおさえられるという結果になりました。

全身の平均皮膚温

**ファン付き作業服の有無による
平均皮膚温の違い（気温34℃、湿度50％）**

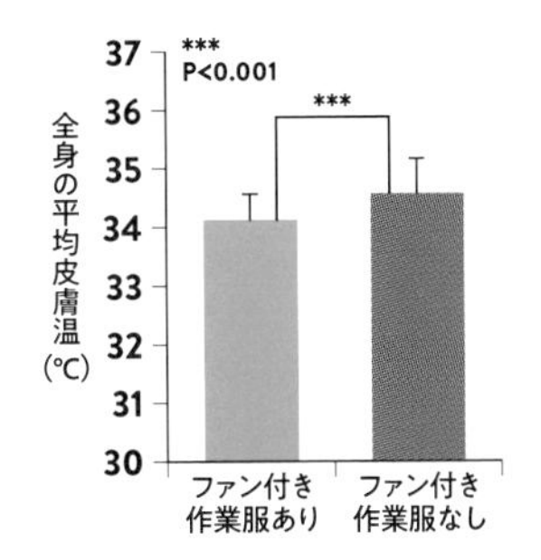

ファン付き作業服を着るだけで、平均皮膚温は0.4℃下がります。カラダが1%脱水すると皮膚温と相関関係がある深部体温が0.3℃上がることを考えると、この結果は大きなものといえます。

※被験者は、実際の屋外工事の建設作業員（鉄筋工6名、型枠大工6名）
※模擬作業は、90分間の昼休憩をはさみ、午前から午後にかけて実施
※ファンの風量は最大風量30L/s
出典：「人工気候室での模擬作業がファン付き作業服を着用した建設作業員の生理・心理反応に及ぼす影響」山崎慶太、桒原浩平ほか（日本建築学会環境系論文集 第83巻 第748号.543-553.2018年6月）

舌下温度

**ファン付き作業服の有無による
舌下温度の違い（気温34℃、湿度50％）**

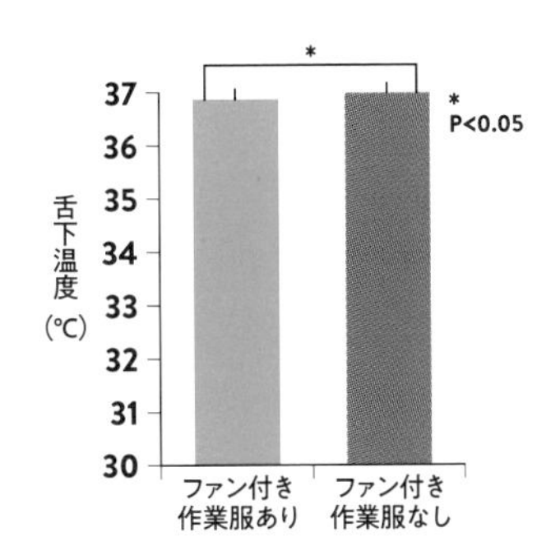

舌の下で測る温度で、体温計を口に咥えて測るのをイメージするとわかりやすいかもしれません。0.1℃下がっており、こちらも大きな効果といえます。

心拍数

**ファン付き作業服の有無による
心拍数の違い（気温34℃、湿度50％）**

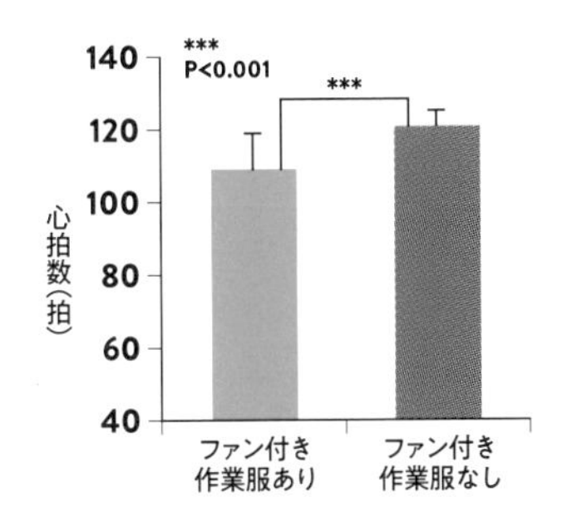

心拍数も10拍近くおさえられています。カラダが1%脱水すると心拍数が5～10拍程度上がるといわれているので、脱水をおさえるほどの効果があるといえます。

• ファン付き作業服って涼しいの?

理論上は快適になりますが、実際のところはどうなのか……。建設現場の聞き取り調査でファン付き作業服の良いところを尋ねた結果、ファン付き作業服を着ることで「涼しい」と回答した人がもっとも多い結果となりました。

出典：「ファン付き作業服が建設作業員の生理・心理反応に及ぼす影響に関する研究 第 13 報 夏季の建設作業現場における着用実態調査」傳法谷郁乃、桒原浩平、山崎慶太ほか（第 43 回人間―生活環境系シンポジウム 2019 年）

ファン付き作業服が「涼しい」と回答した人の詳細コメント

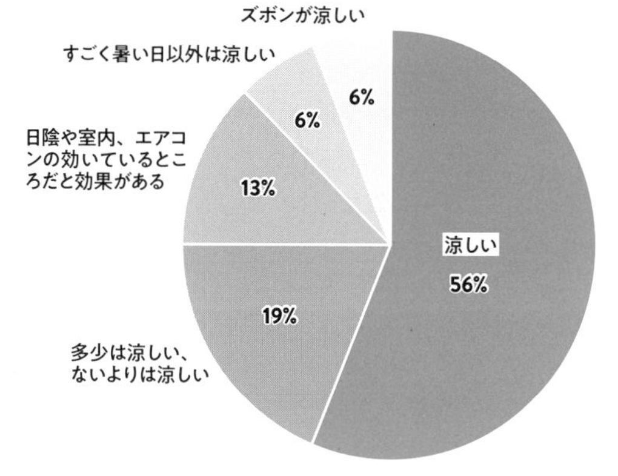

• 実際の現場の声

メッキ工程現場作業員

暑いと、頭がぼーっとしたり、精神的に余裕がなくなります。ファン付き作業服を着るととても涼しく作業ができます。夏場には欠かせません。

接着絶縁レール接着作業員

ファン付き作業服を着ないと動きが鈍くなります。涼しくてとても助かります。

ビルの建設現場作業員

炎天下でもカラダの動きがラクになり、水分補給や休憩の回数も減り、仕事の効率が上がります。終業時のカラダのほてりもなくなるんです。

建設会社社長

夏場は日焼けや発汗で体力を奪われることが多いですが、ファン付き作業服を着ると汗の量も減り、注意力、集中力、判断力の低下がおさえられます。社員の体調管理もしやすくなったと感じます。

ガス圧接会社社長

初期のバッテリーは持続時間が短かく不便でしたが、継続持続時間の長いバッテリーが発売されてからは、夏季は毎日着用しています。4月から着ている社員もいるんですよ。

ビルの建設現場作業員

汗のニオイが気にならなくなりました。休憩のたびに着替える必要もなくなったので、インナーの洗濯物の量が減りました！

電線の保守作業員

風で服がふくらむため、ハチの針が肌まで届かないようで、ハチさされ防止になりました。

ファン付き作業服は 企業にも家計にもやさしい

ここがPoint!

脱水による作業効率の低下を防ぐ効果も

電気代は1カ月わずか50円程度

インナーを着替える回数が激減!

人間は、体重の2%の水分が奪われると、運動能力が低下するといわれています。そのため、ファン付き作業服によってカラダの脱水を防ぐことで、作業効率の低下を防ぐことも期待できます。

さらに体温を下げたり脱水症状をおさえるだけでなく、「汗がすぐ乾くためニオイが気にならなくなった」「何度も着替えなくていいのがラク。洗濯物が減った」など、心理的にも作業員のストレスを下げることがわかりました（P60参照）。心理的にもラクになると、作業効率のさらなる向上も期待できます。

また、バッテリーを1日1回充電して毎日着用したとしても、1カ月の電気代は50円程度と非常に安価。インナーを着替える回数も少なくできるので洗濯量も減り、家計にもやさしいのです。

・猛暑でも作業効率が落ちづらい

暑さによる集中力や注意力の低下もおさえられるかも！

そもそも猛暑の時期は、集中力や注意力が低下して作業効率がどうしても落ちがちです。そこでファン付き作業服を使えば、脱水を防ぎ作業効率の低下を少しでもおさえる効果が期待できます。実際にファン付き作業服を着用した現場の声のなかには、集中力の低下といった作業に関わるウィークポイントが以前より改善されたという声もあります。

・電気代が全然かからない

エアコンと違い、ファン付き作業服は電気の消費量が大きくありません。毎日の充電は必要ですが、1日8時間充電しても電気代は1カ月で50円以下と試算しているメーカーもあるくらいです。家計にも環境にもやさしいのです。

・インナーを着替える回数が1/3以下に

ファン付き作業服は汗を蒸発させるため、インナーに汗が残りづらいのも良いところ。インナーを1日に着替える回数は、ファン付き作業服を着用していない人の平均が3.1回に対して、着用している人の平均は0.8回と大きな差がでました。洗濯代も節約できそうです。

Column 02

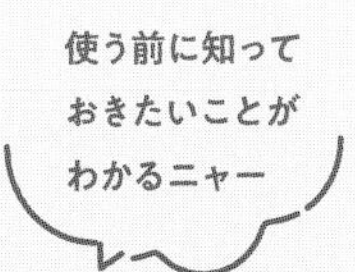

ファン付き作業服のギモン大調査!

実際に着用してみないと、イマイチ効果が想像しにくいファン付き作業服。ファンとバッテリーを常に持っていて重くないの? 洗濯はどうする? など、これから使ってみたい!と思っている人のギモンを解決します!

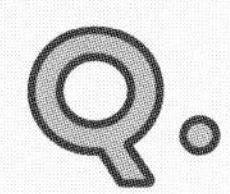

着ていてストレスになるくらい重いんじゃないの?

全然、負担になりません

ファンの重量は、ひとつで約100g、バッテリーは大容量なものでも300g以下なので、ファン+バッテリー+ケーブルすべてあわせても500g以下なのです。初めてウェアを手にするときは多少重く感じるかもしれませんが、実際に着ると気になりません。現場で着用した作業員からも「工具をたくさん腰からぶら下げて高所作業をしているが、重さはまったく気にならない。肩がこることもない」という声も。

洗濯はできるの?

ファン、バッテリーを外せば、ウェアだけを洗濯できます

普通の衣類と同じように洗濯機で洗濯可能。ただし、ファンやバッテリーはできないので、すべて取り外してから、ウェアだけを洗濯するようにしましょう。洗い方は洗濯表記に従えばOK。洗濯後は、服が十分に乾いてからファンやバッテリーを取り付けましょう。半乾きや濡れたままで使用すると、故障の原因になってしまいます。

ファン付き作業服のサイズは、どう選べばいいの?

いつもと同じサイズか、1サイズ大きいものを

風をたくさん取り込みたいからといって、特別に大きなサイズを選ぶ必要はありません。空気の通路が必要なため、小さすぎるのは問題ですが、大きすぎると作業しづらくなってしまいます。いつもの作業着と同じサイズか、もしくは一つ大きいサイズを選びましょう。日ごろLサイズの作業着を着ている場合は、Lサイズのファン付き作業服がベストな場合が多く、Mサイズ以下の人は1サイズ大きめを着用している人が多いです。

ウェア、ファン、バッテリーはメーカーを揃えたほうがいい?

互換性がない場合があるため、統一しましょう

ファン付き作業服は、今やさまざまなメーカーから発売されており、ブランドも多様化してきています。そこで気をつけたいのは、メーカーやブランドが異なれば、ウェアにファンを付けられないという可能性もあること。そのため、ウェアの替えを持っておきたいという場合は、同じメーカーのものを選ぶようにしましょう(P88参照)。

風でふくらんで、仕事どころではないんじゃないの?

意外に気になりません

ファン付き作業服は衣服のなかに風を送るため、「ウェアがふくらんで作業の邪魔になるのでは……」と不安を感じる人も多いでしょう。実際、多少は膨らみますが、通常の作業では気にならないレベルです。使用した作業員からも、邪魔という意見はほとんどありませんでした。ただし、非常に狭い場所で作業する場合は、念のため問題なく作業ができるかを事前に確認しておきましょう。

3章

ファン付き作業服の選び方

建設現場のあらゆるシーンで使える！

まず知っておきたい
ファン付き作業服の選び方

ここがPoint!

3ステップの買い方をマスターする

現場環境に合わせて選ぶ素材は変わる

ファン付きズボンは上着とセットで使う

建設現場において、「どの現場でも共通して使えるファン付き作業服」というのは存在しません。

現場の環境に応じて最適なファン付き作業服が違うため、服やファン、バッテリーを正しく選ぶ必要があります。特に服に関しては、長袖、半袖、ベストなど多様な形があり、素材も綿、ポリエステル、混紡にわけられて展開されています。初めて購入する際は、基本的にこれまで現場で使用していた作業服と同じ素材や形、デザインを選ぶのが無難です。ファンは最初は通常のタイプを、バッテリーは予備を含め2つ用意しておくと安心。2着目以降は、互換性の関係で同じメーカーで揃える必要があります。下半身用としてファン付きズボンも展開されていますが、単体では効果が薄いため、まずはファン付き作業服選びから始めましょう。

・3ステップでわかるファン付き作業服の選び方

ステップ1 ➡ 素材・機能

基本的には、これまでの現場で使用していた服と同じ素材、機能を持った服を選びましょう。たとえば、溶接作業なら綿（難燃）素材、高所作業を伴う現場ではフルハーネス対応のものがオススメ。ファン付き作業服は素材や機能のバリエーションも多彩です。各素材の解説は次ページより紹介します。

ステップ2 ➡ 形・デザイン

長袖、半袖、ベスト、フルハーネス対応、フード付きなど、さまざまな形があります。2章でも紹介したとおり、長袖は安全性が高く袖まで風が届くのでオススメですが、袖周りのなくてもいい作業であれば半袖やベストタイプでもOKです。最近ではミリタリー柄、デニム調など、普段着としても着られるデザインも増えています。

ステップ3 ➡ ファン・バッテリー

ファンは、2章でも紹介したとおり通常の風量のファンと、風量が強いパワーファンの2種類あります。バッテリーは、通常ファンの場合は基本的に8時間持続、パワーファンだと4.5時間持続と考えおきましょう。現場で使う場合は予備として2台持っておくのがオススメです。

・素材のメリットを知っておこう

綿 ➡ 激しい作業にも耐える! 王道の素材

火気を扱う現場や作業服の消耗が大きい作業では、耐久性と耐熱性がある綿素材が適しています。汗や湿気をよく吸い、静電気もたまりにくいです。また、肌触りがよく、気持ちいいのも特徴。ただし、洗濯をするとシワになったり縮みやすかったり、汗をかくとじっとり感があり不快に思うこともあります。

メリット
- 耐熱性に優れ、火に強い
- 肌触りがやわらかく着心地が良い
- 吸水性に優れている
- 油汚れにも強く、耐久性に優れている

デメリット
- 洗濯すると色落ちしたり、縮むことがある
- シワになりやすい
- 濡れると乾きにくい
- デザインのバリエーションが限られる

適した現場・使用環境
- 火気を扱う現場
- 屋内のあまり汗をかかない現場

ポリエステル ➡ 軽くてバリエーションが豊富

軽く、綿と比べてシワになりにくいのが特徴。細い糸で生地を織っているので生地密度が高く、空気漏れが少ないため、涼しい風をより衣服内に循環させることができます。撥水や紫外線カットといった機能や半袖・ベストタイプの展開もあり、バリエーションも豊富。

メリット
- 軽い
- 撥水性・防水性に優れる
- 色落ちしにくく、シワになりにくい
- デザインのバリエーションが豊富

デメリット
- 生地が薄く摩擦や引っかきに弱い
- 火を扱う現場では使えない
- 濡れるとはりつく

適した現場・使用環境
- 火気を扱わない現場
- 静電気の影響が少ない現場
- 汗を大量にかく現場

混紡 ➡ 綿とポリエステルのいいとこどり

ポリエステルと綿が混ざっているため、2つの長所をうまく合わせた“いいとこどり”の素材。配合は、ポリエステルの割合が多いと「軽くて速乾性が高いうえ、ポリエステル100%よりは丈夫な服」、綿が多いと「耐久性が高く着心地が良いうえ、綿よりは軽い」です。ただし、双方のデメリットもあるため、現場に応じて判断が必要。

メリット
- 濡れても比較的乾きやすい
- シワになりにくく手入れがラク
- 着心地が比較的よい
- 耐久性がある
- バリエーションがある

デメリット
- 火を扱う現場では使えない
- 配合率によってメリットが薄まる

適した現場・使用環境
- 火気を扱わない現場
- 比較的汗をかく現場

Point! ファン付きズボンは単体ではなくセットで使う!

ファン付き作業服には、ズボンタイプも存在します。しかし単体の場合、ファン付き作業服と比べて温冷感や快適感が低いため、ファン付き作業服とセットで使うのがオススメ。セットで着用すると、ファン付き作業服のみと比べて下腿、大腿の皮膚温が低くなるので、下半身の熱が不快な人には適しています。基本的には、まずファン付き作業服から試してみましょう。

ファン付きズボンの有無による下腿、大腿皮膚温の変化

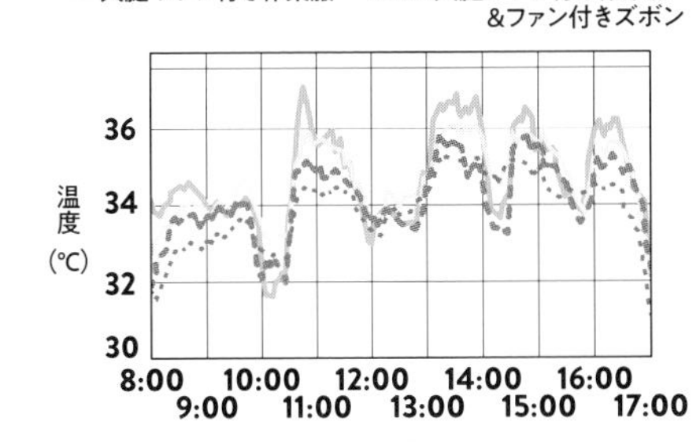

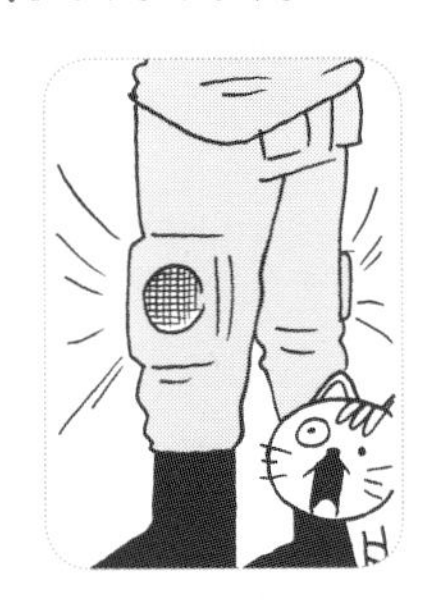

「ファン付き作業服が建設作業員の生理・心理反応に及ぼす影響に関する研究 第12報 建設現場におけるファン付き作業服およびズボンの有効性」山崎慶太、桒原浩平、傳法谷郁乃ほか(第43回人間―生活環境系シンポジウム2019年)

高所作業には
フルハーネス対応を!

ここがPoint!

高所作業はフルハーネスの着用が義務化に!

高所作業は熱中症のリスクが上がる

ファン落下防止ネットをつけよう

建設業界の死亡事故の原因で多いのが「墜落・転落」です。
対策として労働安全衛生法施行令が改正され、2019年2月から、高さ6.75mを超える場所での作業はフルハーネス型の墜落制止器具の着用が義務づけられました。一般的な建設作業では5m以上、柱上作業などでは2m以上の場所で使用が推奨されています。2022年からそれまでの規格でつくられた安全帯の着用・販売は全面禁止され、完全移行します。

そんな高所作業にもファン付き作業服を使えるよう、フルハーネス対応のモデルが登場しています。使用する際は、ファンに落下防止ネットが付いているタイプが安心。そもそも高所作業は熱中症のリスクが高いため、ファン付き作業服を使えば熱中症による転落事故をおさえることにもつながります。

・フルハーネス対応のファン付き作業服の特徴

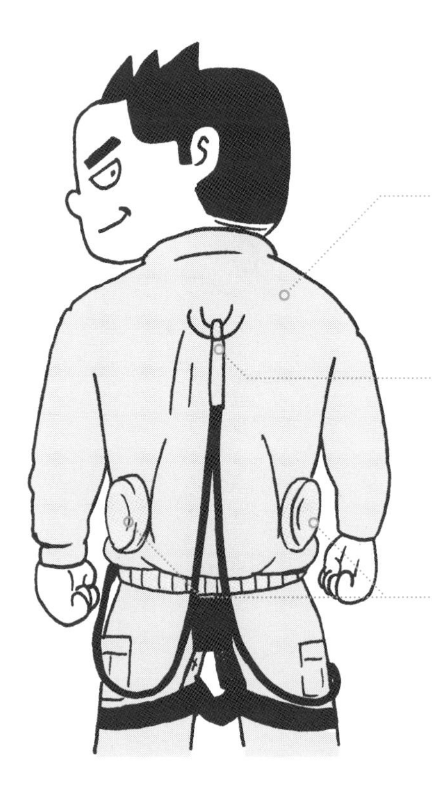

服は、綿、ポリエステル、混紡と3つの生地があるため、自由に選べます。

衣服内の空気を逃がしにくくしながら、ランヤードを背中から出すことができます。ランヤードを使用しないときは、ファスナー式で内側に収納が可能です。

ファン付き作業服の場合、ファンの落下も注意しなければいけません。必ずファンの脱落防止用のカバーが付いたタイプを選びましょう。

胸部分には、ハーネスに取りつけた休止フックホルダーをファン付き作業服の表に出すことができます。ハーネスをつけるとその部分の風通りが少し悪くなるため、休憩中などに意識して風を通すようにするとより効果的です。

屋根などの高所作業は太陽から近く、日射の影響を受けやすいため、熱中症のリスクの高い工程のひとつです。高所では軽い熱中症でもフラッとカラダのバランスが崩れて転落してしまうケースもあり、建設現場の熱中症死亡事故の大きな原因にもなっています。そのため、フルハーネス型の墜落制止器具を必ず着用しましょう。

屋外作業は
チタン加工で日射をブロック!

ここがPoint!

紫外線&赤外線をカットできる

通常のファン付き作業服より**体温の上昇をおさえる**

フードをかぶって頭も守る

屋外作業は、直射日光や地面から受ける熱が想像以上に大きく、屋内作業に比べて疲労も蓄積しやすい環境です。そんな屋外作業に最適なのは、チタン加工が施されたファン付き作業服。チタン加工が生地の裏側に施されており、屋外作業がつらい原因である赤外線や紫外線をブロックし、服内の温度上昇や日焼けをおさえる効果が期待できます。

さらにフード付きを選べば、かぶったときに頭部にも空気が流れるため、よりカラダを冷やすことができます。また、首の後ろも日焼けから守ることが可能です。日頃から炎天下で作業を行うことが多い現場で働いている人は、チタン加工を選ぶことをオススメします。

・チタン加工のファン付き作業服のポイント

チタン加工のファン付き作業服は、屋外作業など建設現場のなかでも特に暑さが過酷な現場向けと考えていいです。通常のファン付き作業服よりも価格は高いですが、効果として大きいのは赤外線&紫外線がカットできること。日射を防ぐだけでも十分熱中症のリスクを下げられるため、赤外線と紫外線の影響を小さくすることは重要なのです。また、紫外線は皮膚病の原因にもなるため、こちらも防ぐことは大切になります。

ヘルメットをかぶった状態で日射を浴びると頭に熱がこもりやすくなります。そこでフードをヘルメットの上からかぶると、涼しい風を頭部に送ることができ、快適に。

屋外作業をより快適にするため、製品によっては撥水性と透湿性のある特殊素材を使っているものもあります。湿度の高い日や小雨の日でも着心地は抜群です。

服の内側にチタンをコーティングすることで、赤外線と紫外線をカットする効果が期待できます。

チタン加工は摩擦や洗濯に弱いので、洗濯を繰り返すと少しずつ剥がれてしまうことも。下記の点に注意して洗濯しましょう。

- ファスナーを閉じて、ネットに入れて洗濯する
- つけ置きや手洗いはしない
- 弱アルカリ性洗剤を使用する
- 漂白剤(塩素系、酸素系)は使用しない
- ドラム式洗濯乾燥機のタンブラー乾燥はしない

火気を扱う現場は 難燃素材を選ぶ！

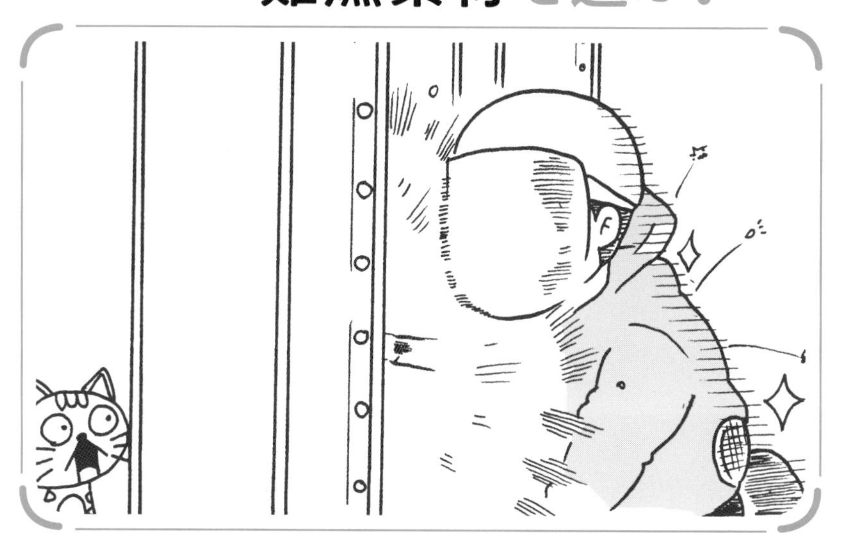

ここがPoint!

- 火気を扱う現場は**熱中症のリスクが高い**
- **難燃素材＋綿100%**なら火花が飛んでも安心
- **金属フィルター**で火花からファンを守る

常に高温の火気を使用する溶接作業なども、熱中症になるリスクがとても高い現場です。そのため、通常のファン付き作業服では火花が飛んで穴が開いてしまうおそれがあります。

こうした現場で選ぶべきファン付き作業服は耐久性の高い綿100%素材で、難燃繊維を使用したもの。難燃繊維のなかには、生地に火が触れると炭化し、繊維が溶けて燃え広がるのを防ぐ製品も。その際、生地が燃えると特有のニオイがするように香り成分が配合されている場合もあります。

火気使用現場では、ファンに取り付ける金属フィルターもオプションで必須です（P84参照）。火花が発生してもファンに入りづらく故障を防ぐのはもちろん、ファン吸気口から火花が入って衣服内が燃える……という大事故も防げます。

・難燃素材のファン付き作業服のポイント

火気を使用する現場は高温であることが多く、また防護のためにフェイスカバーなども着用しているので熱がこもりやすく熱中症のリスクが高まります。作業環境を変えるのは難しいため、難燃素材のファン付き作業服を上手に活用しましょう。火気からカラダを守りながら、快適さも感じられる一石二鳥のアイテムです。

綿100%でも火気に強いですが、溶接現場など直接火花を浴びるような現場では、難燃素材が安心。服が燃える、穴があくなどの被害からより守ることができます。

綿100%の生地に難燃の特殊加工を施しているので、綿ならではの心地良い着心地はそのまま。

耐久性が高いうえ、チタン加工と異なり洗濯を繰り返しても難燃性は比較的持続します。

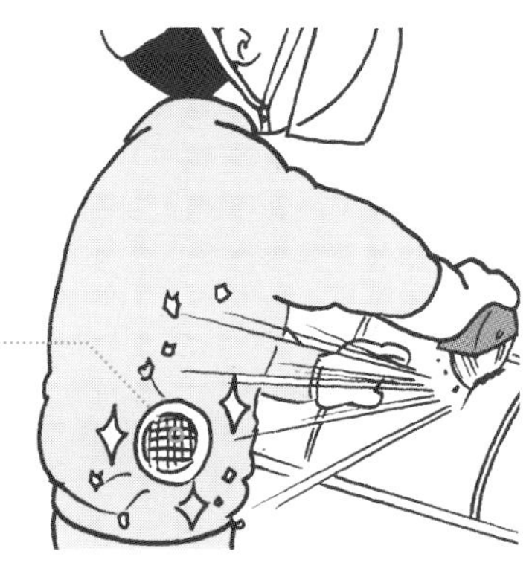

火気を扱う現場では、ファンに火花が入って故障したり、吸気口から火花が侵入して衣服が燃えるといった可能性もあります。そこで、ファンに金属フィルターを付けると、火花からファンを守ることができ、被害を防げるため安心です。

汚れが激しいなら
使い捨てタイプを!

ここがPoint!

使ったら捨てられるから汚れに悩む現場に最適

快適なうえ、いつもキレイな状態で仕事できる!

安価なのでお財布にもやさしい

すぐに服が汚れてしまう……という現場には“使い捨て”を。

ペンキを扱う塗装工や油を扱う現場など、服の汚れが落ちづらい環境で働く人には、マスクなどと同じ不織布製の使い捨てタイプのファン付き作業服という選択肢があります。通常のファン付き作業服は安価ではないため、ペンキや油が飛び散り、汚れが落ちず服がダメになってしまう人にはコスパがいいとはいえません。しかし使い捨てタイプなら安価なので、汚れたら捨てて新しいものに交換すれば、都度キレイな状態で作業をすることができます。ウェアのみ交換すればよいので、ファンやバッテリーは使い回せます。

フルハーネスにも対応しているタイプもあり高所作業でも着用でき、使えるシーンは幅広いです。性能も通常のファン付き作業服と遜色はありません。

• 使い捨てファン付き作業服のポイント

落ちない汚れが発生する現場では、作業服にお金をかけられずファン付き作業服が導入しづらいケースも多い。そこでオススメなのが使い捨てタイプのファン付き作業服。安価なうえ、いつもキレイな状態で快適に作業できます。

フード付きのタイプもあるので、ヘルメットの上からフードをかぶることで頭部が涼しく感じられます。また、頭部への汚れも防げます。

不織布製なので作業後に捨てて帰ればOK。汚れが気になる現場でも作業に集中できます。

フルハーネスにも対応しているタイプもあるため、高所の現場でも使えます。背中のスリットからランヤードを取り出すことができ、両胸にはランヤード用フックカバーが使用可能なスリットが入っています。

通常のファン付き作業服と比べ安価なため、比較的導入しやすいです。ファンとバッテリーは使い回せるので、ウェアだけ交換すればOK 。ただし互換性のため同じメーカーのもので揃える必要があります。

首元・脇下へダイレクト送風!

鉄筋工にも最適なエレファン

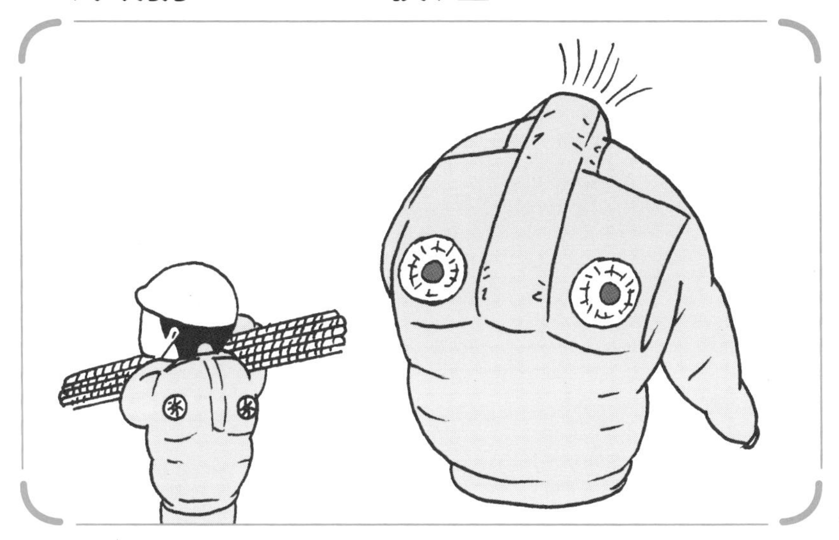

ここがPoint!

- 特に発汗しやすい場所にダイレクト送風
- 鉄筋の熱もブロックできるつくり
- 腰まわりがスッキリして作業がしやすい

鉄筋工事は現場のなかでも特に過酷な環境のひとつ。
その理由は、直射日光の降り注ぐ屋外での作業なうえ、鉄筋の熱で放射を受けやすい環境なためです。さらに重量のある鉄筋を扱うため運動量も大きく、常にカラダに負担を受け続けている状態にあります。

そんな鉄筋工のためにつくられたのが、背中の上部にファンを付け、中央には風が通るダクトを設けた専用のファン付き作業服。見た目がゾウに似ていることから「エレファン」と名付けられています。ファンが背中上部にあることで、首元や発汗量の多い背中にダイレクトに風が届く仕様になっており、気化熱の力をより高める効果が期待できます。また、ファンの位置を高くしたことにより、腰まわりの道具を取り出しやすくなるという利点もあります。

・「エレファン」のポイント

鉄筋工事専用のファン付き作業服として開発されたタイプ。ファンの位置や肩パッドなど、実際の現場でより良い効果を生み出せるよう、工夫が凝らされています。その形がゾウの顔に似ているため「エレファン」と名づけられました。また、日射を浴びることが多いため、遮熱コーティングも施されています。

鉄筋工に人気が高いフード付き。フードをかぶることで風が頭部まで届き、冷感がアップします。遮熱コーティングが施された素材で、日射もブロック。

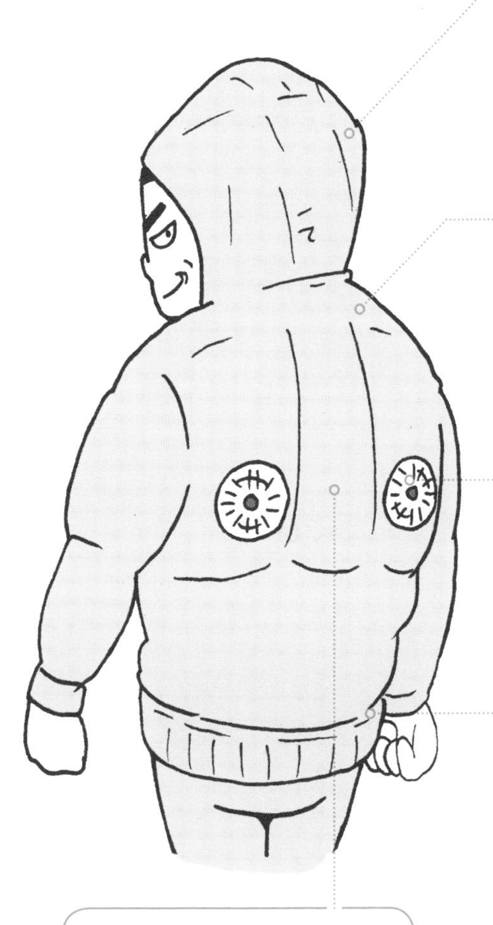

肩パッドがついているため、鉄筋を担いでも破れにくく、炎天下で熱せられた鉄筋の熱さが肩に伝わりづらくなっています。

ファンの位置を通常の腰付近ではなく背中上部に設けることで、風を直接背中や首元、脇に当てることが可能に。また、腰まわりがスッキリして、腰から下げている道具が取り出しやすく作業しやすいです。

裾のゴムの幅を広くとっているため、前かがみになっても裾がずり上がらず、裾からの空気漏れを防ぐことが可能になっています。

背中に風の通り道を設けることで、屈む、座るなど、どんな姿勢でも首元に空気が抜けて涼しいです。

突然の雨でも慌てない!
防水タイプのファン付き作業服

ここがPoint!

湿度が高いと熱中症のリスクが上がる

雨点時や散水時に便利

通常のタイプと比べて、性能もほぼ落ちない

夏の時期にストレスとなるのは、暑さだけではありません。6月～8月頃は、日中は猛烈な暑さと日差しだったのに、突然雲が広がり夕立が降ってきた、という日も多くあります。暑い日の急な天候変化は、雨で湿度が高くなるため熱中症のリスクも高まります。

雨が多い時期には、防水加工のあるファン付き作業服が最適です。生地に防水加工が施されているだけでなく、ファンの取り付け部にカバーが付いているため、雨が降っても慌てずに作業を続けることができます。また、建物の解体や道路工事など、粉塵の飛散防止に散水が必要な現場にもオススメ。ウェアに水がかかってもファンやバッテリーを傷める心配がありません。また、ファンとバッテリーを外すと通常のレインコートとしても使えるものもあります。

・防水加工のファン付き作業服のポイント

雨天時や散水時は、湿度が高くなるうえ、防水性の高い作業服を着ると密閉されて熱がこもりやすく、熱中症のリスクが高まります。そのため、天候にあまり左右されなかったり水や油が飛ぶような現場では、防水機能付きのファン付き作業服が重要なアイテムになります。

防水加工が施されているため、雨天時や散水が必要なとき、水や油のかかる現場に最適。

袖口が二重になっているため、水が服内に入り込むのを守ってくれます。

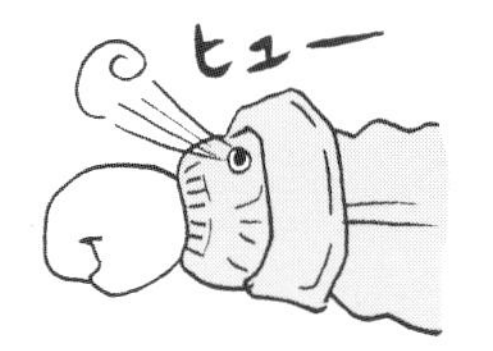

ファンにカバーがついているタイプは、ファンが雨に濡れる心配がありません。また、ファンを取り外してカバーをつぶすと、ファンの穴がふさがれ通常のレインコートとしても使用できます。ただし、カバーをつけていると空調効果が少し軽減します。

大雨などで水を思いっきり浴びても服内に水が入り込まないほど防水性が高いものもあります。もちろん、ファンやバッテリーも傷めません。

粉塵や火花、水から
ファンを守るフィルターも使おう

ここがPoint!

環境に合わせてフィルターを使い分けよう!

フィルターがないと作業ができないことも

フィルターでファンの寿命がのびる

ファンから服の中に外気を取り込んでカラダを冷やすファン付き作業服。解体作業の現場や木くずなどが多い現場では、ファンを作動させるとほこりや木くずなどでファンが破損したり、服の中に異物が入って作業どころではなくなります。そこで活用したいのが、ファンフィルター。ファンに取り付けることで、ほこりや小枝などが入ることを防いでくれます。装着すると多少風量は低くなるものの一定以上はキープされるため、問題なく冷やしてくれます。

粉塵を防ぐフィルターは、粉塵が発生する現場に最適です。火花が発生する現場では金属フィルターを取り付ければ、ファン吸気口から火花が服内に入るのを防ぐこともできます。フィルターを付けるとファンの寿命も長くなるので、現場に合った最適なフィルターを把握しておきましょう。

・フィルターの種類・ポイント

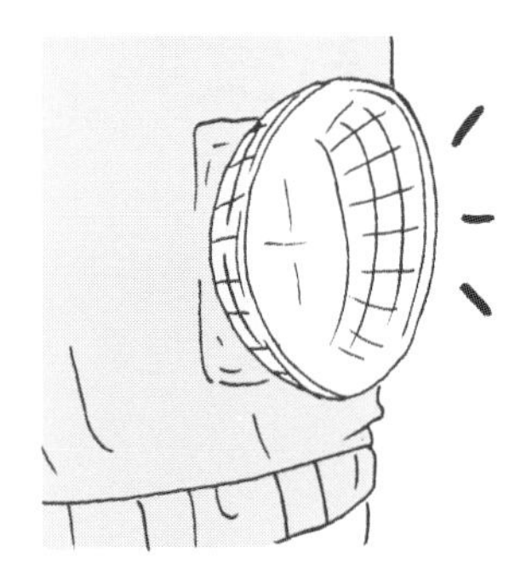

ファンフィルター

解体工事など常に粉塵が舞っているような現場では、普通にファン付き作業服を使用すると、粉塵がファンに入ってしまうことも。そのような作業環境のときには、粉塵レベルの異物も通さないフィルターを採用しましょう。装着時は風量が通常の8割程度になります。

保護ネット

粉塵レベルの細かい異物が入るリスクがない場合は、保護ネットを。装着時は風量が通常の8割程度になりますが、装着すると木の枝などの異物が入らないのに加え、ファンの汚れを防げて長持ちにつながります。

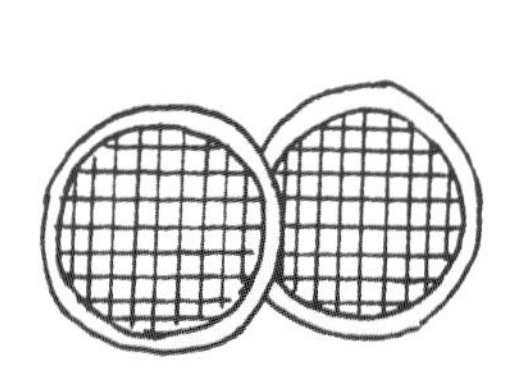

金属フィルター

火花が飛ぶ現場では、火花がファンに入って故障したり、衣服の中に入ってやけどするおそれがあるため、金属フィルターが有効。装着時は通常の9割程度の風量をキープします。

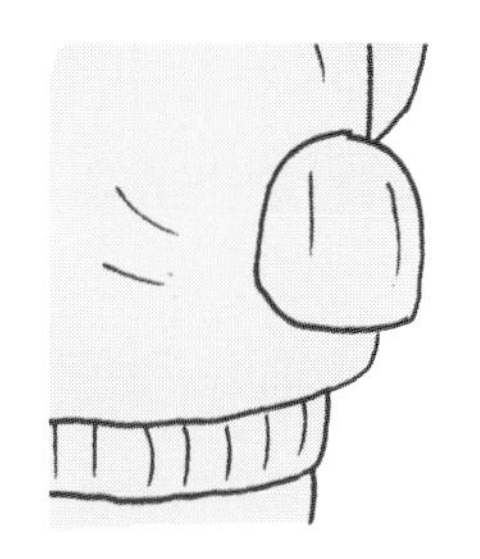

ファンカバー

防水加工のファン付き作業服（P82参照）を着用するまでもない場合はファンカバーを採用して水や油を防ぎましょう。カバーをつけても風量は7割以上をキープできます。

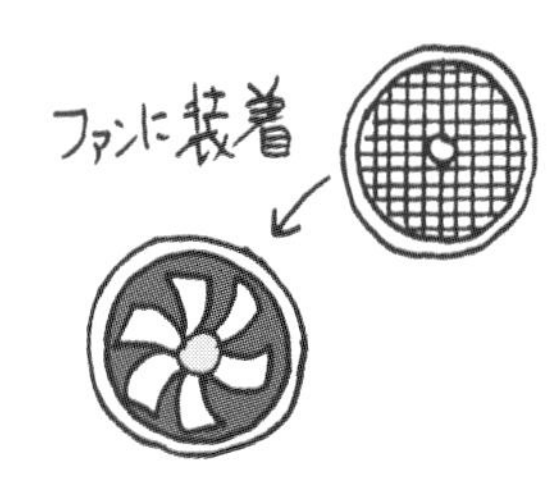

ファンキャップ

柱などにファンをぶつけても壊れないように守るキャップ。ファンを外した後の穴に装着すれば、通常の作業服として使えます。風量は変わりません。

好みにカスタマイズできる！ オーダーメイドという選択肢も

ここが Point!

- 現場や職種によって**多様なカスタマイズが可能！**
- **企業のイメージ**も表現できる
- **現場環境に合わせて**オーダーメイドできる

ファン付き作業服は、企業や現場によって理想の形はさまざま。現在、多くのバリエーションが存在するのは現場の声を積極的に取り入れてきた結果ともいえます。

最初に導入を考えるときには、通常のタイプかこれまで紹介した現場の特性に合わせたタイプかをよく検討して選びましょう。導入後、実際に使用を続けていくと、現場によっては「もう少しこんな感じだったらいいのにな」という要望があがることもあります。P80で紹介している「エレファン」もそのひとつです。エレファンはすでに標準仕様になっていますが、その他にもさまざまなオーダーメイドのファン付き作業服が存在します。具体的にどのようなカスタマイズが可能か、導入や改良を考えている人に参考になる事例を紹介します。

・ファン付き作業服のカスタマイズ事例

CASE 01 コーポレートカラーを使う

企業色を出すために、コーポレイトカラーにしました。

CASE 02 タブレット用のポケットを追加

現場の管理などで使うタブレットが入る幅広なポケットを付けました。

CASE 03 ファンの位置を変える

腰回りの工具入れの邪魔にならないようするなどファンの位置を変更しました。

CASE 04 営業や事務向けの仕様に

営業や事務などでも使えるよう、シャツタイプもつくりました。

ファン付き作業服の
主要メーカーの特徴

ここがPoint!

主要メーカーは2社+独自展開に分けられる

同じメーカーのアイテムを使うようにしよう

販売店のほか、インターネットで購入できる

近年、多くのメーカーが参入するようになったファン付き作業服。展開しているメーカーは大きく2社に分けられます。

ひとつ目が、(株) 空調服。企業名と同じ「空調服」というブランドを展開しており、ファン付き作業服をはじめに開発して世に出した業界のパイオニアです。

ふたつ目が、「(株) サンエス」。「空調風神服」というブランドを展開しており、ウェアのデザインも多彩で、スポーツメーカー「ミズノ」のほかさまざまなメーカーと提携して開発をしています。

ほかにも独自に開発しているメーカーもあり、比較的安価で手軽に導入しやすいものも多いです。有名なところではワークマン、またamazonには中国のメーカーなどが多く出品しています。

・ファン付き作業服ブランドは 2ブランド＋独自展開に分けられる

空調服

（株）空調服が開発したブランド。ファン付き作業服そのものを最初に生み出したメーカーです。最近では一般向けのものも増えています。

空調風神服

（株）サンエスが開発したブランド。ななめ型のファンなど、ラインナップが多彩です。また、「ミズノ」など有名企業とのコラボも。

独自展開も…

上記のほか、独自で開発して展開しているメーカーもあります。その特徴は、ワークマンやamazonの中国メーカーといった、安価な価格帯で販売していることです。「まず試しに」と考えるなら一番手に入りやすいです。

購入するには

amazonや楽天市場といったECサイトで購入できるほか、「ワークランド」「ユニフォームタウン」など、作業服専門のインターネットショップでは法人向けの割引サービスやサンプルの貸し出し、刺繍での名入れなどのサービスも行っています。大量購入を検討する場合は、メーカーに直接問い合わせるのがいいでしょう。

ファン付きヘルメットで熱中症のリスクをさらに減らす

ここがPoint!

- 脳が熱くなると**命を落とす危険も**
- ファン付きヘルメットで**頭の熱を逃がす**
- **穴のあいたヘルメット**という選択肢もある

熱中症対策には、頭の熱を逃すことも重要です。特に建設現場はヘルメットの着用が必須のため、汗が蒸発しにくく頭に熱がこもりやすい環境です。

そこで効果的なのが後頭部や首筋に設置されたファンから外気を取り込んで、頭部を冷やせるファン付きヘルメットです。頭とヘルメットの間に風が流れることでヘルメット内にこもった熱を排出できると同時に汗の蒸発も促すことができるため、頭の温度が下がります。また、暑さを感じる脳がダイレクトに冷えることで体感温度も下がり、快適に作業をすることができます。

ファン付きヘルメットほどの効力はないですが、上部に穴があいたヘルメットも有効です。前の穴から自然風などによって空気が入り、後ろの穴から抜けることで、ヘルメット内にこもった熱を逃すことができます。

頭を冷やさないと脳がダメージを受ける!?

ファン付き作業服でカラダは涼しくなりますが、頭が暑いままだと熱中症のリスクは高まります。脳のタンパク質は熱で変質するので、最悪の場合、命を落とすことも。カラダだけでなく頭も暑さから守ることが重要なのです。

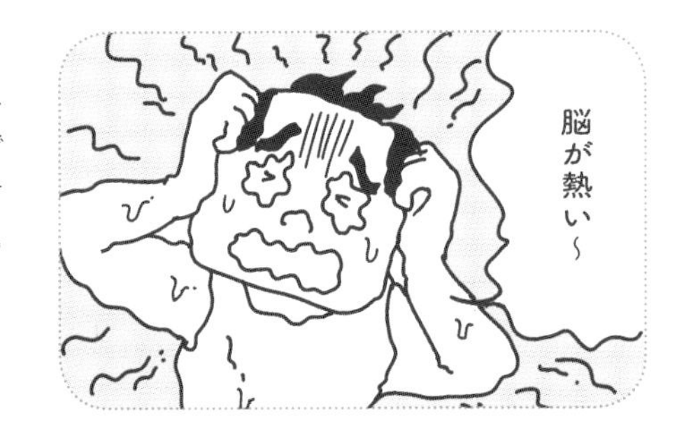

ファン付きヘルメットには2種類ある

ファン取り付け型

手持ちのヘルメットにファンを付けるタイプ。首の部分から取り込まれる外気がヘルメットの内部を抜け、熱気を排出します。普段使用しているヘルメットに装着して使えます。

ファン内蔵型

ヘルメット自体にファンが内蔵されているタイプ。後頭部に直接外気を取り込む機能と、こもった熱を排出する機能をスイッチで切り替えられるようになっているものが主流です。

導入が難しければ…

穴のあいたヘルメットという選択肢も!

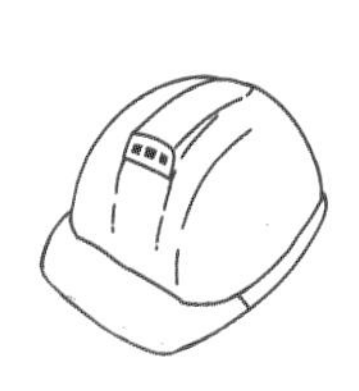

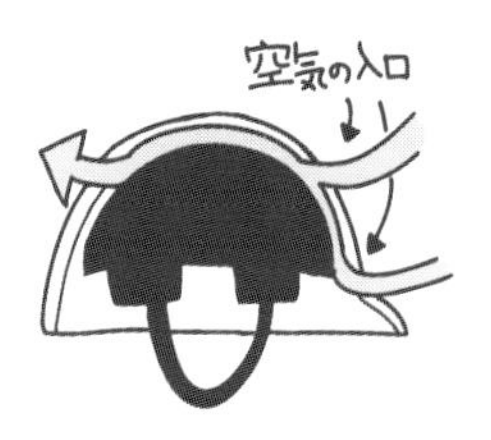

予算などの関係で、ファン付きヘルメットをすぐ導入するのは難しい……という場合は、頭の上に穴のあいたヘルメットの導入を考えましょう。作業中、穴から空気が入り、排出される仕組みのため、通常のヘルメットよりも熱中症のリスクを軽減できます。

Column 03

建設現場以外でも！「ファン付き」で熱中症からカラダを守る！

はじめは建設業界の現場で使用されることが多かったファン付き作業服。最近では建設現場以外でも、特殊な作業服が必要な職種から、スポーツやレジャーでも使えるタイプも登場してきています。また、クルマのシートや赤ちゃん用など、ファン付き作業服の技術を活用した「ファン付きアイテム」も多く登場しています。建設現場以外でも熱中症からカラダを守るために、ぜひ参考にしてください！

夜間作業でも安心！高視認性タイプ

高い視認性のある蛍光生地や反射材を用いた作業服が必要な職種の人には、同じ効果をもつファン付き作業服があります。直射日光のない夕暮れ時や夜間作業においても、気温や湿度の高さによって熱中症になるリスクは十分にあるため、ファン付き作業服を着用するのが安心です。

ハチと遭遇しやすい作業に！ 防蜂用タイプ

ハチに遭遇しやすく、刺される危険のある現場に向けて防蜂用のファン付き作業服も登場しています。ファンから取り込んだ空気とスペーサーで、肌とウェアの間にスズメバチの針の長さよりも大きいスペースをつくり、ハチに刺されないようにしています。上着だけでなく、太ももにファンが付いたズボンタイプもあります。さらにひじ・ひざサポーターや頭部保護ネットも使えば全身をくまなく守れます。

食品工場などに！ 白いタイプ

食品工場など徹底した衛生管理が求められる現場でも着用できる白衣タイプのファン付き作業服も。袖口からほこりや体毛が落ちない仕様になっていて、帯電も防止するため、クリーンルームでも安心して清潔に作業できます。特に夏場の食品工場で活躍しているファン付き作業服です。

自動車整備などに！ つなぎタイプ

自動車や機械の整備、塗装作業など、普段からつなぎを着用する人向けのつなぎタイプのファン付き作業服。ウエスト部をマジックテープで調節することで、下半身にも風が送り込まれ、全身が涼しく爽やかになります。オートバイブランドとのコラボ商品などもあり、仕事以外でも幅広いシーンで使用できます。

イベントやスポーツ、アウトドアでも使える!

ファン付き作業服の活躍の場は、作業現場だけにとどまりません。夏は野外イベントやスポーツ、キャンプなど屋外の行事が盛り上がる季節。それらを楽しむためにも熱中症対策は欠かせません。そんなシーンにも、ファン付き作業服は効果的です。もちろん現場で使っているウェアをそのまま着てもいいですし、近年は一般向けのスタイリッシュなデザインのファン付き作業服も増えています。ウェアだけ新調して手持ちのファンとバッテリーを付ければおしゃれ感覚でも使えます。

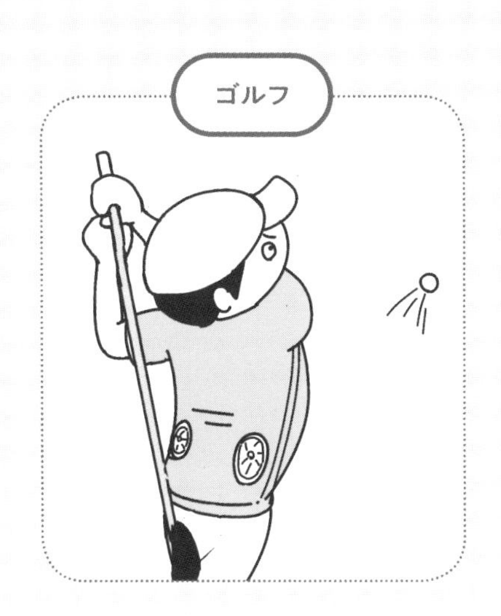

日常の生活シーンで使えるアイテムも！

ドライブ

夏の車内はエアコンがきくまで暑さがつらく、シートに背中の汗がびっしょり……という経験をしたことのある人も多いのでは。そこでクルマのシート専用のファン付きクッションを使えば、背中まで風が通り汗が蒸発して快適になります。また、冷房の使用もおさえることができます。

通勤

通勤時にリュックを使っている人は、背中に大量に汗をかいて不快な思いをすることも多いです。そんな悩みを解決するのが、リュックと背中の間に敷くファン付きのシートです。風を送り込み、背中が快適になるだけでなく、ファンの音の大きさも気にならないので、通勤でも十分使えます。

赤ちゃんを守る！ベビー向けのアイテムも

乳幼児は大人よりも暑さに弱いため、熱中症対策は必須です。そこで登場したのが、抱っこひもにかぶせるファン付きカバー。抱っこひもに装着してファンから空気を取り込むことで、赤ちゃんの無駄な汗を蒸発させて体温を下げてくれます。赤ちゃんの体温で負担のかかる親も守ってくれるアイテムです。

君はコレね
ありがとうございます！
作業環境によって違うんだな〜

4章

熱中症のリスクを減らす

快適な現場環境のつくり方

熱中症になりにくい現場環境を整えよう!

ここがPoint!

- 現場環境の改善も熱中症のリスクを下げる
- 管理者は、快適な作業環境を整えよう
- 作業者は、自分の健康状態をきちんと把握しよう

建設現場の熱中症対策で、ファン付き作業服の着用以外に重要になるのが、熱中症になりにくい現場環境をつくることです。まず、どのような現場環境だと熱中症が発生しやすいかをおさえておきましょう。

①作業環境が厳しい（温度や湿度が高い、涼しい風がないなど）②作業が過酷（連続作業時間が長い、休憩頻度が少ないなど）③健康状態が悪い（暑さに慣れていない、水分や塩分の摂取量不足など）④労働衛生に関する知識がない（作業者、管理者の知識不足）⑤応急処置の体制が整っていない（病院、診療所などの所在地を把握していない、応急処置の必要性を周知していないなど）

大前提としてこれらすべての面をきちんと管理し、環境を整えることが熱中症の発生をおさえることにつながります。

熱中症が発生しにくい現場にする方法

建設現場で熱中症を発生させないためには、現場環境を整えることも重要です。
そのために、まずおさえておくべき5つの方法を紹介します。

1 作業環境の管理

- 室温24~26℃程度に管理された休憩室を設置する
- 扇風機などを使って風通しをよくする
- 屋内作業では窓を開ける
- 日陰をつくる
- 涼しい時間に打ち水をする
- 作業現場のWBGT値や気温、湿度を把握しておく

2 作業の管理

- 太陽光の入射方向を想定して作業位置を決める
- 連続作業時間をなるべく短くする
- 急に暑くなった日は、通常の休憩時間に追加して1時間ごとに5分~10分の休憩時間をとる
- 作業開始前に水分を補給する
- 通気性と透湿性に優れた作業服を着る

3 健康管理を徹底する

- 朝食をとる
- 作業前日にアルコールを飲み過ぎないようにする
- 睡眠時間を7時間以上確保しておく
- 健康診断はきちんと受ける
- 体温を測定する
- 管理者が、作業員の体調を把握しておく

労働衛生の教育を行う

- 管理者と作業員に対して、熱中症の症状や予防方法、緊急時の応急処置について教育を行う

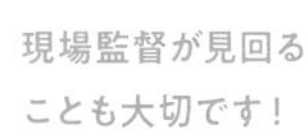

5 応急処置の体制を整える

- 病院、診療所などの所在地や連絡先を把握しておく
- 熱中症を疑わせる症状が現れた場合は、すぐに応急処置が行えるような体制にしておく

建設現場における
扇風機の効果的な使い方

ここがPoint!

扇風機は「首振り」機能を使う

風を1カ所にずっと浴び続けるのはNG

携帯扇風機は使い方に注意!

扇風機を正しく使っているかどうかで、熱中症のリスクも変わります。1章で覚えたように、夏の暑さをやわらげ、快適に過ごすためには、気温を気にするだけでなく体感温度の低下を目指すことが大切です。そのためには、気温だけでなく湿度や放射、風などにも気を配らなければなりません。その点から扇風機は、風によりカラダを冷やすことはもちろん、湿気を1カ所にとどまらせないこともでき、快適な空間づくりにも役立ちます。

扇風機の注意点は、暑いからといってずっとカラダに浴び続けること。扇風機を使う場合は、首振り機能を使うことで、カラダに負荷がかかりません。ただし、気温が35℃を超える場合はカラダを冷やす効果はないので、周りの湿気を逃がす換気目的で使うとよいです。

・「首振り」で風を動かして使いましょう

風は一定に吹くよりも、動きのある変動風のほうが涼しく快適感を得やすいという特性があるため、扇風機は「首振り」で使うのが効果的。風速が小さいときにはカラダの表面温度が上昇して発汗し、大きくなると汗の蒸発が促進され涼しさを感じられます。これが繰り返されることにより、カラダの表面温度が低くなり過ぎず、発汗が長く続いて、適度に冷却刺激が継続し、不快感が軽減されるのです。

ずっと浴び続けると…

扇風機をずっとカラダに浴びていると、汗をかきにくくなってしまうため、気化熱による冷却効果が得られにくくなってしまいます。また、風がカラダへのストレスにもなり、疲労がたまってしまいます。

・携帯扇風機は使い方に注意

2章で覚えたとおり、風は皮膚温より高い「気温35℃」を超えるとカラダに熱を与えてしまいます。そのため、汗が蒸発する際の気化熱が重要になるのですが、風力の弱い携帯扇風機は汗を蒸発させる力も弱いため、逆効果になるおそれも。基本的には首筋の頸動脈付近に風をあてると、脳に送られる血流が冷やされて効果的です。使い方には注意しましょう。

屋内の作業を
風で快適にする方法

ここがPoint!

屋内は湿気による熱中症のリスクが高い

上部にたまった湿気を風で逃そう

南側と北側の窓を開けて自然風を取り込もう

屋内作業の場合では、空気がどのように流れるかを知り、湿気を逃したり自然風をうまく取り入れることで、熱中症のリスクを減らせます。屋内では湿気が下から上へと移動するため、天井付近にある窓を開けたり、扇風機などを上部に当てて湿気を逃すなど、うまく換気しましょう。

同時に、自然風だけでも換気できるような空間をつくることも大切です。日本の夏は、南から大きな太平洋高気圧がやってくるため、南からの風が多くなります。つまり、夏は南側の窓を広く開けることで室内に多くの自然風を取り入れることができます。ただし、南側の窓のみを開けておくだけでは不十分です。風は通り道がなければ流れないので、南側だけではなく北側の窓も開けて入り口と出口をつくってあげましょう。

・上部に集まる湿気を換気する

湿気は汗の蒸発を鈍らせ、体感温度も上げてしまいます。湿気は、温度が低いところから高いところへ移動するため、屋内では下から上に集まります。つまり、上部に熱気や湿気がたまりやすいので、なるべく高い場所の窓を開ける、上に向けて扇風機をあてるなどをして上部に気流をつくれば、湿気が流れていき換気することができます。

・風が吹き抜ける通り道をつくる

屋内作業は換気が肝です。そのため、窓を開けて外の風を取り入れることも重要になります。ただし、1カ所だけ窓を開ければいいというものではありません。風を流すためには入り口と出口の両方が必要なります。

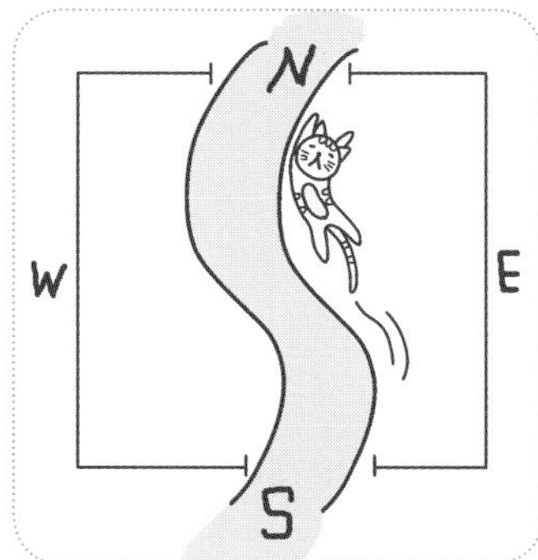

風は逃げ場が
大事だニャー！

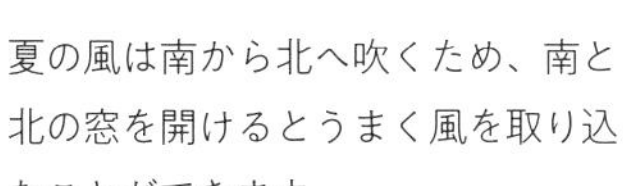
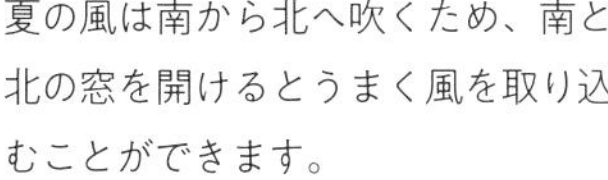

夏の風は南から北へ吹くため、南と北の窓を開けるとうまく風を取り込むことができます。

放射は建設現場の大敵！
日射を遮る環境をつくろう

ここがPoint!

屋外作業は日陰のある休憩場所をつくる

屋内作業は窓からの日射をうまく遮る

遮熱性のある作業服は心理的にもラクになる

体感温度が上がる大きな原因のひとつが、日射です。実際、屋外で日射のある環境では、気温30℃でも体感温度が40℃近くになることもあるので、カラダへの負荷は非常に大きいです。

建設現場では、屋外はもちろん屋内作業でも日射を受けてしまうため、意識して日射を遮る環境をつくることが重要になります。「そんなこと言われても、炎天下での作業は避けられないじゃないか」という屋外の現場の人たちは、せめて休憩は必ず日陰や屋内でとる、日が当たっていない路面に打ち水をして冷やすなどをして、日射の熱をできるだけ受けないように対策をしましょう。

また、日射を遮ると心理的にもラクになることも判明しており、日射を遮るだけでも熱中症のリスクを減らすことができます。

• 日射だけで体感温度が10℃上がる!

日射が厄介なのは、アスファルトや建物の壁面からの照り返し（赤外放射）によっても、熱を受けることです。特にそのような影響の大きい街中だと、気温は30℃でも、体感温度が40℃近くになることもあります。

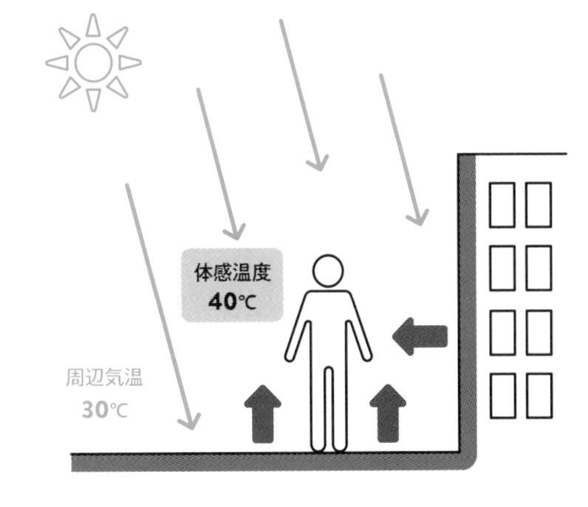

出典：環境省「まちなかの暑さ対策ガイドライン 改訂版（平成30年3月）」

• 屋外の現場は、日陰をつくって休憩を!

屋外で作業する現場は、日射の影響をダイレクトに受けてしまいます。作業中は仕方ありませんが、せめて休憩中は日陰の場所で休むようにしましょう。また、休憩をこまめにとることも大切です。

たとえば…

- **簡易テントを設置する**
- **単管パイプを立て、屋根に布をかける**
- **空調設備のある部屋を設置したプレハブを用意する**

• 水をまくだけでも暑さがやわらぐ

真夏のアスファルトの表面は、60℃以上になることもあり、熱を受けてしまいます。そこで打ち水をして路面を常に濡れた状態に保っていれば、通常のアスファルトに比べて10～15℃程度低くなり、放射の影響を緩和することができます。何度も打ち水をするのが難しい場合は、表面温度が上がりきっていない作業開始前に打ち水をして、可能な限り濡れた状態にしておきましょう。

• 屋内では窓からの日射にも注意が必要

屋内作業の場合、窓ガラスからの日射に注意が必要です。風の抜け道（P103参照）を守りつつ、日射が入る場所は大きな布などで可能な限り遮りましょう。

• 日射のエネルギーは方角や時間によって変わる

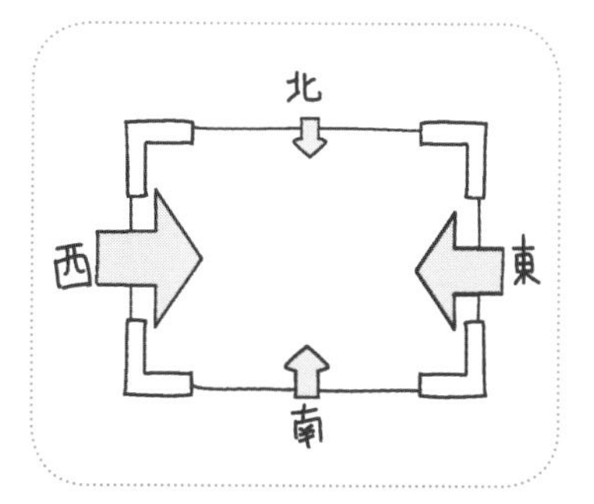

太陽の日射は、方位と時間によっても変わります。夏は、東からの朝日、西からの夕陽のエネルギーが特に厳しいです。日陰で作業ができるように、午前中は建物の西側で、午後は建物の東側で作業するといった工夫ができると非常に有効的です。

• 遮熱性のあるファン付き作業服が効果的

日射を遮ると実際にどれほどの効果があるのか、遮熱性のあるファン付き作業服と通常の作業服で実験が行われました。遮熱性があるほうが衣服内温度が低くなったのはもちろん、心理反応も良い結果になりました。

衣服内温度

日射量と衣服内温度との関係を測ると、実際の日射量が大きくなるにつれて衣服内温度も高くなっていますが、通常の作業服に比べ、遮熱性ファン付き作業服は衣服内温度が低くなる傾向が見られました。

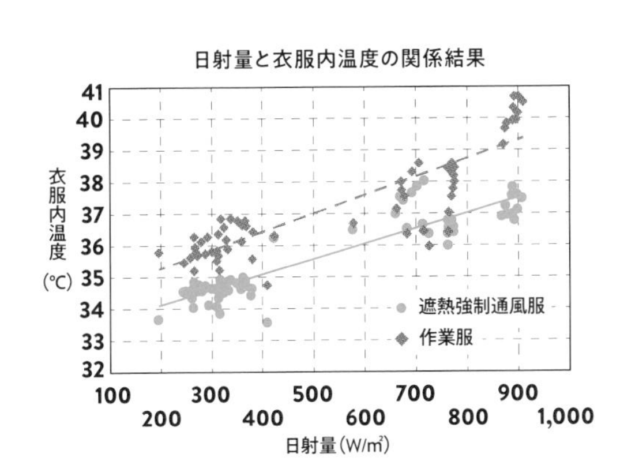

心理反応

日射量と人体の心理反応の関係を測ると、心理的に暑いと感じる「日射感」が、通常の作業服に比べると、遮熱性のあるファン付き作業服のほうが低くなる傾向になりました。

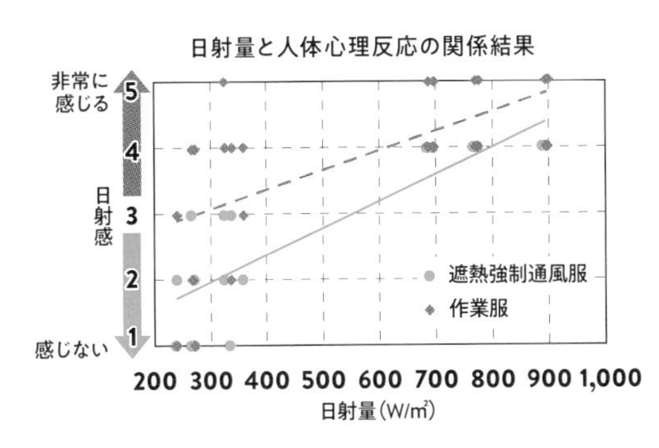

出典:「夏季屋外における遮熱強制通風服の効果に関する実験」三坂育正ほか(第15回環境情報科学ポスター発表会2019年12月)

意外と知らない!
正しい水分補給の方法

ここがPoint!

「のどが渇いた」と思う前に、こまめに飲もう

水分は、水かむぎ茶が基本!

強制的に水分補給ができる環境をつくる

熱中症にならないために必須となるのが水分補給です。それも、適当に摂取するのではなく、正しい頻度や量、種類をおさえることが重要です。

まず、頻度については「のどが渇いた」と感じたときには、すでに脱水が進んでいる状態のため、こまめに水分を摂取することが重要です。種類については、水やノンカフェインのお茶が基本。カフェイン入りの飲料は利尿作用があるため、尿量分の水分を補給する必要があります。

建設現場では、水分補給不足による脱水の危険性が高いです。さらに、感染症対策でマスクを着用すると、のどの渇きを感じづらくなるため、水をこまめに配ったり、作業員の近くにクーラーボックスを置くなど強制的に水分を摂取できるような環境をつくっておくことが重要になります。

• 建設現場で水を飲むタイミングと量

摂取頻度は、とにかくこまめに飲むのが理想。「のどが渇いた」と感じているときはすでに脱水のレベルが進んでいるため、そうなる前に意識して摂取するようにしましょう。運動機能が低下してしまう「体重の2%以上の脱水」を起こさないように注意!

作業前

作業中

作業後

コップ1~2杯程度の水分を補給する（約200~400ml）

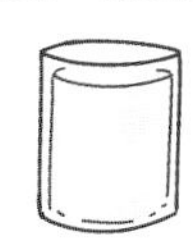

20分~30分ごとにコップ半分~1杯程度の水分を補給する。

30分以内に水分を補給する

• 水分は何でもいいわけじゃない! 飲みものの種類別の特徴

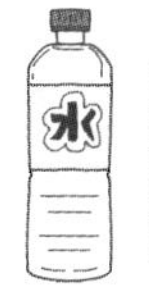

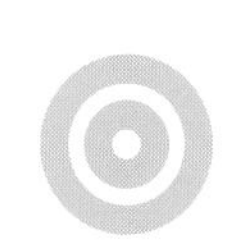

水分補給に最も適しているのは、水やむぎ茶、そば茶といったノンカフェインの飲料です。水分補給はこれを基本として、現場に常備しておくようにしましょう。

スポーツドリンクは多量に汗をかいたり朝食を抜いたときなど塩分が足りていないときに摂取しましょう。経口補水液は熱中症になった脱水状態時に適しています。通常の状態で飲むと塩分過多になるため注意。

緑茶やウーロン茶、コーヒーなどのカフェインが含まれている飲料には利尿作用があり、脱水状態が進んでしまうため、作業前後はできれば避けましょう。飲む場合は、◎の飲料で尿量分を摂取しましょう。

アルコールを飲みすぎるとカラダが脱水状態になります。作業後にきちんと水分を摂取した後、夕食時に嗜む程度ならいいですが、飲み過ぎて翌日お酒が残っているような状態は絶対に避けるようにしましょう。

・作業員の水分不足を解決する2つの方法

新型コロナウイルスなどの感染症対策でマスクを着用すると、のどが渇きづらくなり、水分補給の頻度が減って脱水の危険性が増します。

その対策においても、強制的に水分を補給できるような環境づくりが重要になります。

1 強制的に水を飲む機会をつくる

- 作業中でもこまめに水を飲んでもらえるように、現場監督などが定期的に声をかけたり飲みものを配ったりしましょう。

- 休憩中にしか水を飲まないという習慣の人もいるので、休憩頻度を増やして水分補給のタイミングを増やしましょう。

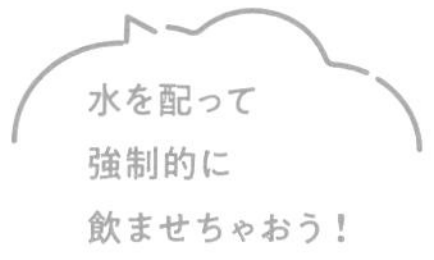

2 朝、作業開始前に水を飲んでもらう

- 気温が上がりきっていない午前中でも熱中症のリスクは高いので、朝作業を始める前に水を飲んでもらうように声がけをしておきましょう。

- スポーツの現場で水分補給率が高いのは、練習中に飲みものが選手の近くにあるからといわれています。同じように作業員の近くにも飲みものを置いておき、作業中いつでも飲めるようにしておくといいでしょう。

建設現場は脱水になりやすい！ファン付き作業服も救世主に

建設現場での発汗量や脱水量の調査によると、通常の作業服の場合、午前8時の作業開始直後から徐々に脱水が始まり、午前と午後の作業終了時の平均脱水率が非常に高い数値になりました。また、建設現場では、気温が低下するはずの15時～17時に最も熱中症の発生件数が多く、これは昼休みを含めた休憩時間の水分補給不足が原因である可能性が高いとも指摘されています。作業員の水分不足にはしっかりと注意しなければなりません。

ファン付き作業服の有無による着衣時体重減少量

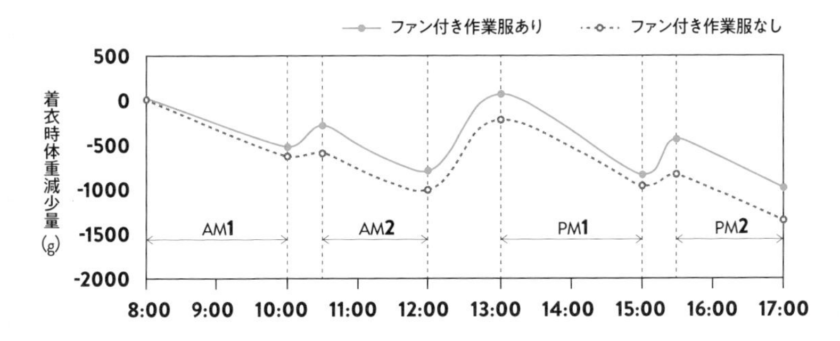

ファン付き作業服の有無による脱水率

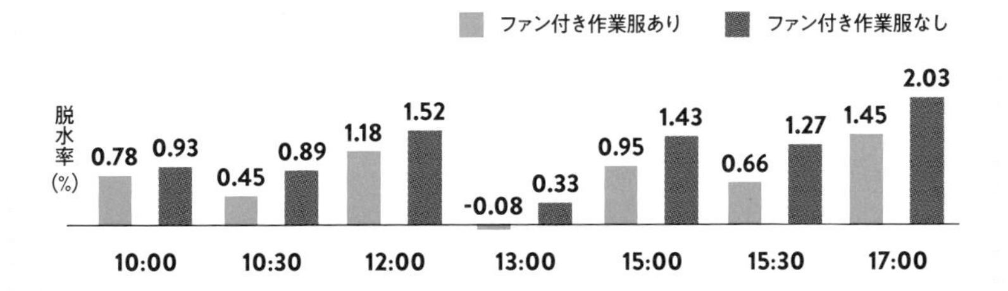

※ WBGT が 26.7 ～ 30.4℃で、警戒～厳重警戒を示した 2 日間に被験者 5 名（型枠大工 4 名、鉄筋工 1 名）で実測
出典：「夏季建設現場における飲水とファン付き作業服による脱水の低減に関する研究」山崎慶太、桒原浩平ほか
（日本建築学会環境系論文集 第 85 巻 第 771 号 .351-360.2020 年 5 月）

➡ ちなみに、ファン付き作業服を着ている人は、通常の作業服の人と比べて午前・午後の作業終了時の平均脱水率がグッと低くなっており、熱中症のリスクが低くなっていることがわかります。

暑さからカラダを救う 休憩場所のつくり方

ここが Point!

屋内では、室温を低くしすぎない!

屋外では、日射を遮るのが最優先

扇風機やミストファンも活用しよう

熱中症対策においては、休憩場所を快適にすることも非常に重要です。屋内では、空調によって24℃～26℃程度に保たれた部屋で休むのがベスト。エアコンの設定は低いほうがいいと思うかもしれませんが、急にカラダが冷えすぎると、熱の放散が妨げられてしまい、よくありません。エアコンがない場合は、扇風機やミストファンを活用しましょう。屋外は、直射日光が当たらないようにして、風通しのいい場所で休憩を取るのがいいです。

休憩は、気象条件はもちろん、連続作業時間が長く活動強度が高い場合は頻度や時間を増やすことが必要です。建設現場では、急に暑くなった日や気温が高くなり始めてから5日程度は、普段の休憩に加えて1時間ごとに5～10分程度の休憩をとるようにしましょう。

• 理想的な休憩場所とは

屋内環境の場合

- 室温は24℃~26℃に（※）。
- エアコンの風向きは一定方向にならないように。
- ウォータークーラーや冷蔵庫、椅子、横になれるスペース、体温計などを用意。
- シャワーがあれば理想的です。休憩時間に浴びましょう。
- エアコンがない場合は、南からの風が入るように窓をあけましょう（P103参照）。

※低温にするほど短時間でカラダを冷却できるというのは誤り。肌が24度未満の空気に触れると、皮膚の血管が収縮して熱の放散が妨げられてしまいます。

屋外環境の場合

- 日よけテントなど、上からの日射を防ぎましょう（遮熱性の高い生地の方が効果的）
- ミストファンを採用して、空気の温度を下げましょう。
- 冷水ポットや、クーラーボックス、椅子、横になれるスペースを用意。
- 冷たい水を浴びられる環境を用意。

• 扇風機、ミストファンのコストはどれくらい?

持ち運びできる充電式ファン

➡ 5,000円~1万円

充電式のためコードレスで使える扇風機。自由に持ち運べるので現場でも人気。

業務用扇風機

➡ 1万円前後

比較的大きいため、場所を固定して使用します。工場などで人気。

ミストファン

➡ 数十万円~

ミストが噴射されるため、気化熱の影響で通常の扇風機より風は涼しいが高額。

Column 04

カラダがラクになる！休憩中の過ごし方4選

休憩場所のつくり方も重要ですが、休憩時間の過ごし方によっても、その後の作業の快適度や熱中症のリスクが変わってきます。特に、建設現場は15時～17時も熱中症が発生しやすい時間帯なので、休憩時間にカラダに負荷をかけないことも重要です。常に最善のパフォーマンスで作業をするためにも休憩中の過ごし方を見直してみましょう。

大前提

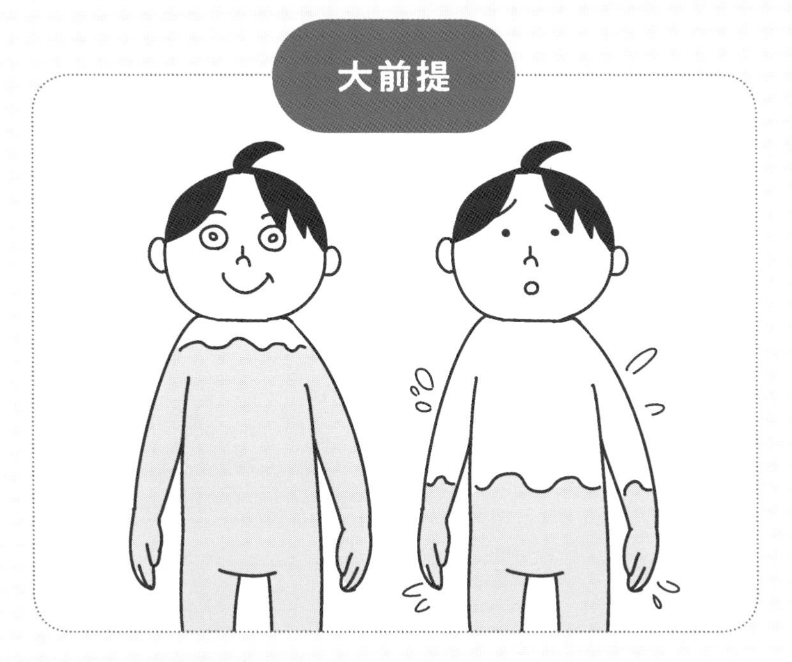

大前提として、休憩時間になったら、P108でも解説したとおり、水分補給を必ず行いましょう。特に作業中に水分を補給できていない場合は、カラダから水分がなくなり、脱水状態がかなり進行しているかもしれません。たとえ、のどが渇いていなくても摂取するように心がけましょう。

1
休憩時間になったら、すぐに涼しいところへ避難！

屋外で作業している場合は、日陰のある場所へ一刻も早く避難しましょう。ファン付き作業服を着ている場合は、エアコンのきいた空間に入るとファンから冷たい空気が取り込まれて一気にカラダが涼しくなります。屋内にいる場合は、日射が当たらない場所にいましょう。

2
脱げるものは脱いで着替える！

涼しいところに移動したら、ヘルメットや作業服、靴、靴下を脱ぎ、汗で濡れた下着や衣類は着替えましょう。ファン付き作業服を着用していて、そこまで汗による不快感を感じていない場合でも、こまめにインナーを着替えるようにすることでより快適に作業できます。

3
ウロウロせず、ゆっくり休憩しよう！

カラダがそれほど疲れていなくても、座ってできるだけゆっくり休憩しましょう。横になれるスペースがあれば、横になって目をつむるなどしてカラダを完全に休められると尚よいです。自覚がなくても、夏場の作業はカラダに大きな負担がかかっているので、油断は禁物です。

4
ホースなどで思いっきり水を浴びちゃおう！

可能であれば、ヘルメットを外した後にシャワーやホースなどで頭から水をかぶったり、カラダの表面に水をかけたりしましょう。水で直接カラダが冷えるのに加え、カラダの表面から気化熱で熱が奪われるので、体温上昇をおさえるのに非常に効果的なのです。

これでバッチリ！
スゲー！

5章

絶対知っておきたい

熱中症対策グッズの選び方・使い方

冷却アイテムは選び方が重要!

ここがPoint!

- 冷却アイテムは**2つのタイプがある**
- アイテムによっては、**体温を下げないものも**
- **正しく使うことで**効果がアップ

熱中症対策グッズで、まずおさえておきたいのは冷却アイテムです。ファン付き作業服を使えば熱中症対策の効果は十分見込めますが、さらに冷却アイテムを上手に使うとより効果的です。ただし、アイテムの性質を理解して正しく使わないと、思っているような効果が得られないどころか、むしろ、体温調節機能を弱めてしまうこともあります。

この章まで気化熱がカラダを冷やす重要な方法であることは紹介してきました。ほかにも、冷たいものをカラダに直接あてて冷やす「伝導」という方法もあります。市販の冷却アイテムには、「伝導」の作用がある製品と、冷えた感覚だけを得られる「冷感」作用しかない製品があります。その違いも正しく理解して、使うようにしましょう。

・冷却アイテムは大きく2種類ある

冷却アイテムの作用には、カラダを直接冷やす伝導と、冷えている感覚を得られる冷感の2種類が存在します。そのほかにも気化熱を利用したアイテムもあります。熱中症対策にはそれぞれの特徴を理解して使うことが重要です。伝導と冷感アイテムは効果を混同されることが多いので、2つの違いはきちんと理解しておきましょう。

1 カラダを直接冷やす伝導

1章でも紹介したとおり、伝導とはモノに触れることで熱さや冷たさが伝わることです。たとえば、風邪のときに氷枕を使うのは、熱が氷枕に移動して奪われることで冷えるからです。熱中症の症状が出始めているときは、気化熱よりも伝導のほうがカラダを冷やす即効性があります。

－アイテム例－

氷のう、冷たいタオル、保冷剤、冷たい水の入ったペットボトルなど

2 冷えた爽快感を得られる冷感

肌に冷たいという感覚を与え、冷えているように錯覚させるのが冷感です。なかには、気化熱の効果により冷たくなるアイテムもありますが、基本的には感覚のみで、実際に冷えているわけではありません。ほてったカラダを一瞬ひんやりさせて、快適感を得ることはできます。ただし、使いすぎると脳が「冷えている」と勘違いして発汗作用が低下する可能性もあります。

－アイテム例－

冷却スプレー、汗ふきボディシート、接触冷感ウェア、冷感寝具など

・体温を下げる効果のある冷却アイテム

アイシングバッグ（伝導）

アイシングバッグのなかに氷を入れ、カラダにあてることで冷やしてくれるアイテム。氷を入れ替えることで何度でも再利用できます。熱中症の応急処置にも効果的なので休憩室に常備しておくと安心です。

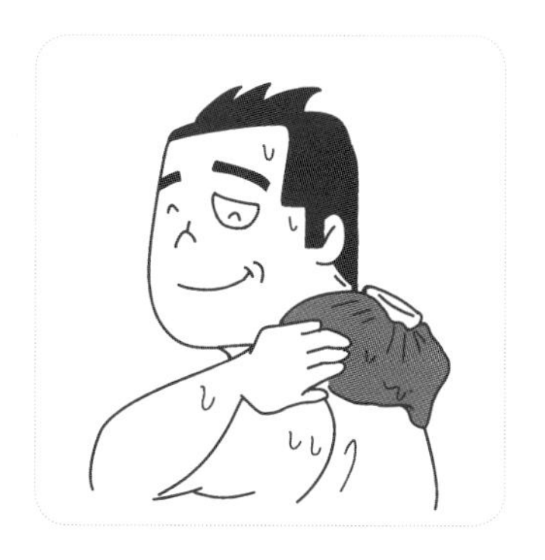

こんなときに！

熱中症の応急処置など、カラダを急速に冷やしたいとき

使い方のPoint!

氷とともに、少量の水を入れることで、アイシングバッグがカラダに密着しやすくなり効果的です。

冷却タオル（伝導、気化熱）

水に濡らして効果を発揮する冷却タオル。水に濡れると気化熱を促進させる素材を使っているため、通常のタオルよりも冷却効果が高いです。水を含ませて絞り、タオルを振って使いましょう。

こんなときに！

汗をふく、首に巻くなど作業中にカラダを冷やしたい場合

使い方のPoint!

濡れた冷却タオルを首に巻き、ファン付き作業服を着用すると首から出る風により、気化熱が促進して快適感も増します。

冷却ベスト(伝導)

背中や両脇などに付いたポケットに、保冷剤を入れてカラダを冷やすベスト。インナーの上から着用することで、カラダを直接冷やしてくれます。保冷剤の温度が上がったら交換する必要がありますが、冷凍庫で冷やして繰り返し使うことができるため経済的です。

こんなときに! **2〜3時間の作業時に**

使い方のPoint! インナーを着て、その上に冷却ベストを羽織り、さらにファン付き作業服を着ることで冷却効果が高まります。

ミスト噴射器(気化熱)

腰のベルトやズボンに装着してファンを回すことで、ミストを含んだ風が背中に流れてカラダを冷やします。ミストでカラダを濡らして気化熱の効果を促進させるため、大量の汗をかかないときに冷却効果が高まります。汗を大量にかかない現場や、汗をかきにくい体質の人にオススメです。

こんなときに! **汗をあまりかかない作業をするとき**

使い方のPoint! 装着せずに、台の上に置いて使うこともできます。夏のアウトドアにも最適です。

• 体温は下げず、快適感を得られるアイテム

冷却スプレー（冷感）

衣類やタオルにスプレーするタイプや、カラダに直接かけるタイプがあります。エタノールなど揮発性の高い成分が含まれており、汗よりも早く蒸発して皮膚の熱を奪ってくれるため、ひんやりとした冷たい感覚をもたらしてくれます。また、メントールが配合されているものは、さらにスーッとした爽快感を得られます。ただし、持続性はあまりないです。

こんなときに！ ➡ **ほてったカラダを一瞬ひんやりさせたいとき**

使い方のPoint!

揮発性成分が、汗の代わりの役割を果たすので、使いすぎると汗をかきづらくなってしまいます。「いますぐひんやり感を得たい！」というときに使うようにしましょう。

汗ふきボディシート（冷感）

「さっぱり」「冷感」などとうたっているものは、メントール成分が含まれているものが多く、冷たい感覚をもたらしてくれます。シートに含まれる水分が気化熱を奪ってくれる効果も多少はありますが、体温を下げる効果までは期待できません。

こんなときに！ ➡ **不快な汗をふきたいとき**

使い方のPoint!

体温を下げる効果は期待できないので、熱中症対策というよりもさっぱり感を得たいときにオススメ。空気に触れることで爽快感が増すので、ファン付き作業服と併用すると気持ちいいです。

接触冷感ウェア（冷感）

接触冷感素材とは文字通り、触るとひんやりと感じる生地のこと。熱伝導率が高いことで素早くカラダの熱を逃がす素材や、汗を素早く吸収して蒸発を加速させるものなど、涼しく感じられるさまざまな素材があります。素材自体が冷えているわけではないので、体温を下げる効果はありません。

こんなときに！ **ファン付き作業服のインナーや、作業終了後の着替えに**

使い方のPoint! ファン付き作業服と併用したり、空調のきいた室内で使用すると、気化熱による冷却効果がより高まる可能性もあります。

貼る冷却シート（気化熱）

ジェルに含まれる水分が蒸発する際に額の熱を奪うことで、局所的に温度を下げてくれます。屋外や空調がきかない屋内で使用する場合はすぐあたたまり冷却効果が持続しづらいです。また、局所を冷やしてくれるだけなので、体温を下げる効果は期待できません。

こんなときに！ **局所的・一時的にひんやりしたいとき**

使い方のPoint! 休憩時間を気持ちよく過ごすときにもオススメ。シートがあたたまってしまったら、貼りっぱなしにせずに取りかえましょう。

測定器で暑さを把握して対策を考えよう!

ここが Point!

天気予報の気温よりも現場は暑い!

測定器を使って正確な暑さを把握しよう

クラウドシステムを使えば複数の現場を一括管理できる

熱中症を防ぐためには、現場の管理者がWBGT（暑さ指数）を必ずチェックして環境を把握しておく必要があります。天気予報で発表される気温は、芝生の上で日射を遮った条件で計測されているため、日射の強い現場では、より暑さが厳しい環境となっています。WBGTが測定できる機器が市販されているので、測定器で作業現場の状況を正確に把握することが大切です。また、大林組の例では、現場で測定したWBGTのデータをクラウドシステムで共有することで、管理者がどこからでも複数の現場の状況を把握できるようにしています。現場の暑さを把握すると、状況に合わせた対策が可能になります。

測定器がない場合は、WBGT＝気温－３℃で、おおまかなWBGTを把握できます。WBGTが28℃以上なら十分注意しましょう。

• WBGT測定器を使って現場の環境を把握しよう

その場所のWBGTを測定できます。電子式WBGT測定器は2017年よりJIS規格化されたため、より正確性を求めるならJISの要件に準拠している製品を選びましょう。設定したWBGTになるとアラームが鳴るものや、データをリアルタイムにクラウドへ送信することで、パソコンやスマートフォンなどで複数の現場の環境を把握できるようなものもあります。黒球が大きいと計測誤差がでにくいです。

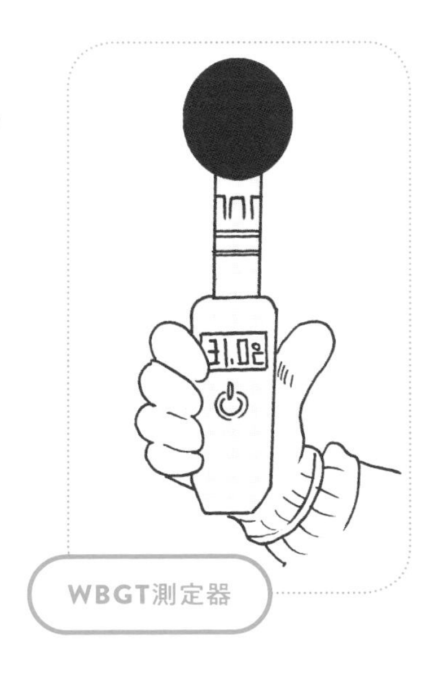

WBGT測定器

クラウドシステムを使えば複数の現場の暑さを管理できる

1カ所ではなく、複数の現場のWBGTを同時に管理する場合は、クラウドシステムを活用するのもオススメ。大林組では、作業強度などの条件に応じたWBGT基準値を自動設定する機能をもったシステムを活用して、条件の異なる複数の現場の状況を把握し、対策を行っています。

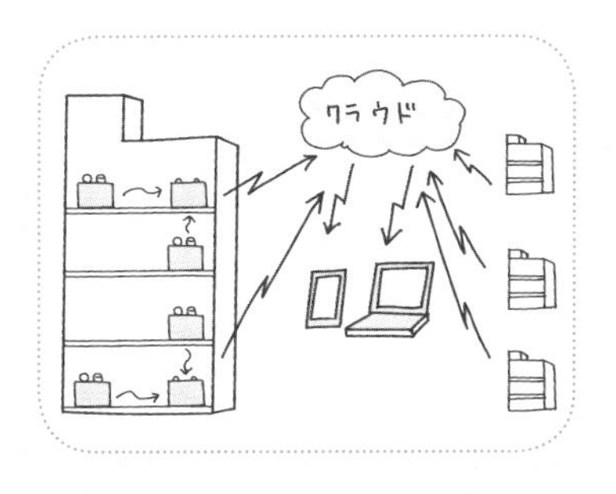

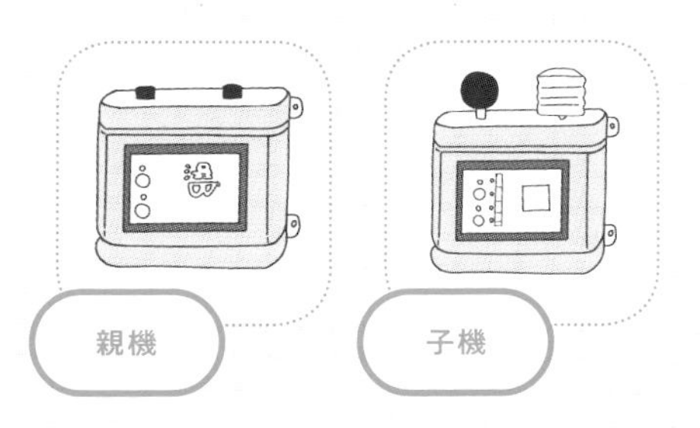

このシステムでは、作業場所に置いた子機で数値を計測し、親機にデータを集約させ、リアルタイムにクラウドへ送信しています。そのため、パソコン、スマートフォン、タブレットとあらゆる端末でデータを確認できます。

体温や脈拍を測って体調を把握しよう

ここがPoint!

- 体調を管理して熱中症のリスクを減らそう
- 活動量計や非接触体温計を使えば、管理がラク
- 作業員の体重を測って脱水率を確認しよう

熱中症を防ぐためには、体調を管理することも重要です。

個人で健康管理をするには、身につけるだけで心拍数などを測ってくれる活動量計が便利です。また、管理者は休憩場所に体温計や体重計、血圧計などを備えておき、いつでも作業員の体調を確認できるようにしておきましょう。

体温や体重を測ったときに次のような結果になったら、作業をすぐに止めて、水分をとりながら休憩する必要があります。①体温が38.5℃を超える場合　②作業開始前より、体重が1.5％以上減少している場合　③1分間の心拍数が、数分間継続して、180から年齢を引いた値を超える場合。また、熱中症により医療機関を受診する必要があるときは、体温や心拍数の測定値を受診時に報告すると治療上の参考になります。

・体調の管理に役立つアイテム

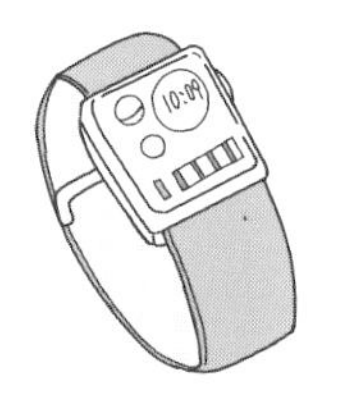

活動量計(心拍計)

心拍数や消費カロリーなど、健康に関するさまざまなデータを計測、保存ができます。日々の健康管理に活用し、心拍数などがいつもと違えば注意しましょう。スマートフォンと同期できるものも多く、管理しやすいです。

こんなときに!

➡ 個人が、日常の体調管理として

使い方のPoint!

スマートフォンなどで日々の変化を記録して、その日の体調を把握しましょう。また、休憩のタイミングで装着して心拍数が急激に上がっていないかを確認しましょう。

非接触体温計

新型コロナウイルス対策による体温の測定でも活躍している体温計。肌に触れず、瞬時に体温を測れるため、作業を始める前や体調がおかしそうな作業員がいたら活用していきましょう。

こんなときに!

➡ 作業前後の体温測定、体調を崩していそうな作業員の体温の確認など

使い方のPoint!

作業員の体温をいつでも測れるように、休憩場所に必ず用意しておきましょう。できれば毎日記録して、平熱時との変化を把握しましょう。

・休憩時間に体重を測って脱水率をチェック!

脱水が体重の2%を超えると運動能力が落ちて熱中症のリスクが高まります。昼休憩時に作業員の体重を計測する習慣をつけると、確認しやすいです。

快適に作業できる お助けアイテム活用法

ここがPoint!

- コンプレッションウェアは作業の効率も上がる
- 消臭アイテムは作業後に使うと効果的！
- 塩飴は食べ過ぎないようにする

夏の作業現場の問題は、熱中症だけではありません。暑さによる疲労も、作業効率を下げたり事故が起こる原因になります。そんなときにはコンプレッションウェアを着用するのもひとつの方法です。コンプレッションウェアとは、伸縮性の高い生地で作られたカラダに圧をかけるインナーで、筋肉の動きをサポートする効果が期待できます。

夏の作業では汗のニオイもストレスになります。ただし、制汗剤は発汗を邪魔してしまうため作業後に使うようにしましょう。気軽に洗えない作業靴は靴用の粉末消臭剤を活用する方法もあります。また、熱中症対策として塩飴も現場では人気ですが、食べ過ぎると逆効果に。さまざまなアイテムをうまく活用すれば夏の過酷な現場でも快適に作業できます。

・コンプレッションウェアは疲労をおさえる効果も!

ファン付き作業服の下着として、タイトフィットウェアが適していると紹介しました(P57参照)。そのなかでもコンプレッションウェアは筋力をサポートしてカラダにかかる負荷をおさえたり、筋肉の疲労を軽減し、回復させたりする効果があるといわれています。筋力をサポートできれば作業のパフォーマンスが向上し、判断力が低下するリスクも減ります。疲労を最小限におさえることができれば、翌日に疲れを持ち越すことなく、作業の質の向上や熱中症のリスクを減らすことも期待できます。

メリット

- 筋力の動きをサポートし、パフォーマンスが向上する
- 筋肉や関節への負荷を軽減する
- 血行を促進する
- 運動後の疲労をおさえ、回復を促す
- 吸水速乾の生地を選べば、汗が素早く乾く

デメリット

- カラダに圧がかかるので、暑さや窮屈さを感じる人も
- 生地自体に冷却効果はないので、涼しさをは得られないことも

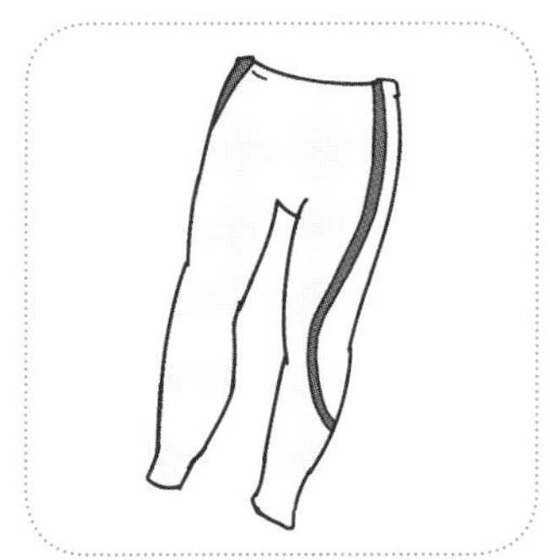

効果的な使い方

ファン付き作業服と併用する

全身が
動きやすい!

ぴったりしていてカラダにフィットするため、動きやすく感じる人も多いです。

• 作業靴は粉末消臭剤で ニオイ対策をしよう

大量に汗をかく猛暑日の作業は、ウェアだけでなく、靴のニオイも気になるもの。そんなときは、パウダータイプの靴消臭剤が便利です。帰宅後に靴に直接パウダーをふりかけてそのまま置いておくだけでニオイを消す効果が期待できます。

Point! 塩飴は食べ過ぎに注意

塩分を失うことで熱中症のリスクが高まるため、建設現場でもよく配られている塩飴。ただし、食べ過ぎると塩分過多になりカラダによくありません。本来、必要な塩分は朝食や昼食で摂取できているため、午前中に1個、午後に1個程度でも十分なのです。

・制汗剤は使い過ぎないよう適度に

汗が気になる猛暑時は制汗剤も人気です。しかし、制汗剤には殺菌剤のほか、汗の出口を防いでしまう粒子が含まれていることがあり、発汗がおさえられてしまう可能性も。カラダを冷やすためには、汗による気化熱が必須なため、作業終了後や、帰宅までの間、汗をおさえたいときなどに使用する程度にとどめましょう。制汗剤は大きく4種類にわかれるため、自分に合ったタイプを選びましょう。

スプレータイプ

コンビニなどでも売られている、馴染みのあるタイプ。片手でシューっとスプレーできるので手軽ですが、製品によっては吹きムラが出るものも。

ロールオンタイプ

容器の先端にボールが付いており、液体状の薬剤を転がしながら塗りつけます。薬剤が素早く肌に浸透するため、即効性があるといわれています。

スティックタイプ

肌に直接塗りつけて使うタイプ。体温で薬剤を溶かしながら塗ります。伸ばしながら塗っていくのがコツです。

手塗りタイプ

手にとって、肌に塗りこむタイプ。肌への密着感が高いので、効果や持続時間が高い傾向があります。

Column 05

「手のひら」を冷やすだけ！超お手軽な熱中症対策

ここまで、さまざまな熱中症対策について紹介してきました。熱中症対策といえば、氷枕や氷のうなどで、首や脇の下、鼠径部(そけい)など太い血管が通っている場所を冷やすというのが一番よく知られた方法だと思います。特に熱中症の疑いがあり応急処置をする場合に非常に有効ですが、最新の研究では、手のひらを冷やすのも効果的だという説もあります。なぜ、心臓や脳から遠い手を冷やすといいのでしょうか。建設現場でも手軽にできる熱中症対策の方法を紹介します。

ポイント 1　手のひらは特別な血管が存在する！

手のひらには、AVA(動静脈吻合）と呼ばれる特別な血管があります。動脈と静脈を結ぶバイパスの役割をする血管で、普段は閉じていますが、体温が高くなってくるとAVAが開通し、一度に大量の血液が流れることで熱が放出され、冷えた血液がカラダに巡ります。つまり、手のひらに冷たい刺激を与えると、より冷たい血液が全身を駆け巡り、カラダを冷やすのです。

ポイント 2 少し冷えたペットボトルを持っているだけでOK!

AVAをもっとも効果的に働かせるには、15℃ほどで冷やすのが最適だといわれています。15℃というと、冷蔵庫から出して少し時間が経ったペットボトルがちょうどその程度。カラダにあてる時間は2分程度が目安なので、「ペットボトルを2分くらい持っているだけ」で十分熱中症対策になります。逆に冷たすぎる刺激ではAVAが収縮して血流が悪くなる可能性があるため、氷のうなどで手のひらを冷やすのはオススメしません。ほかには、水道水をバケツに溜めて、手首まで2分間浸けておくのも効果的です。

ポイント 3 足の裏も同じ効果が期待できる

手のひらと同じように、足の裏にもAVAが通っているため、足の裏も冷やすと熱中症のリスクをさらに減らせます。ただし建設現場では、足の裏をずっと水に浸けているのは難しいので、休憩時間になったら靴や靴下を脱いでホースなどを使って足の裏に水をかけるようにしましょう。意識して少しでも足の裏を冷やすようにすると、それだけでも十分熱中症のリスクを減らす効果が見込めます。余裕があれば、足の裏も同時に冷やすと、より熱中症のリスクを軽減できます。

資料

日本と世界の気温の変動

日本、世界ともに年平均気温は上昇傾向にあります。そのため、熱中症対策は年々重要になります。

日本

日本の年平均気温偏差の経年変化（1891～2019年）

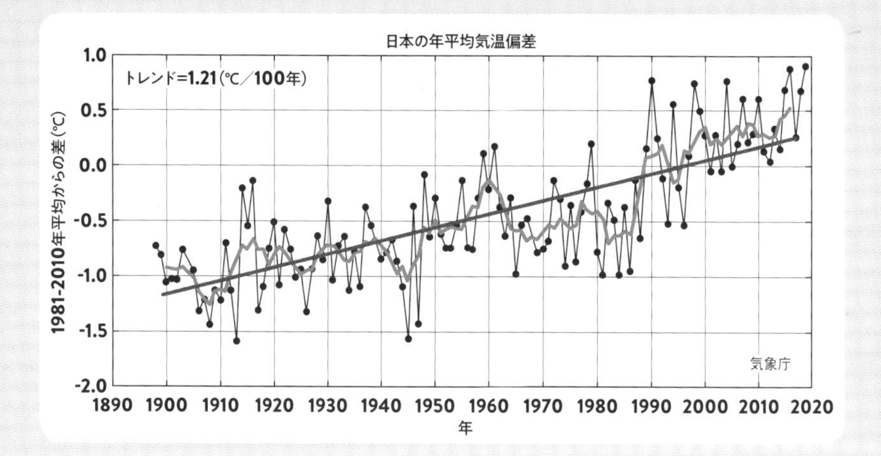

世界

世界の年平均気温偏差の経年変化（1891～2019年）

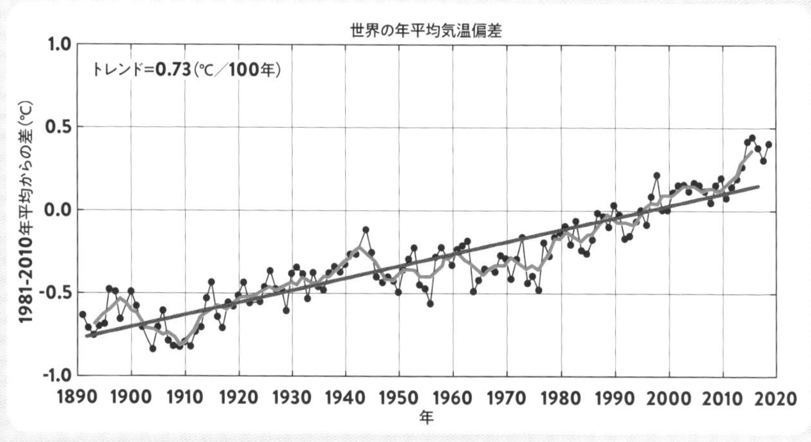

※基準値は 1981 ～ 2010 年の 30 年平均値　出典：気象庁「気温・降水量の長期変化傾向」

晴れの日と曇りの日のWBGTと心拍数の違い

晴れの日と曇りの日、すなわち日射の有無によるWBGT値と心拍数をを比較したグラフ。WBGT値が3～4℃違ううえ、心拍数は晴れの日は110程度に対し、曇りの日は90程度と、カラダへの負荷に大きく差が出ています。

晴れの日

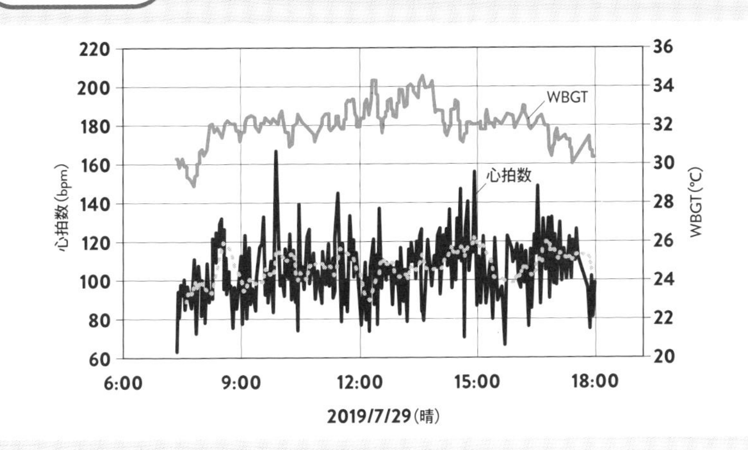

曇りの日

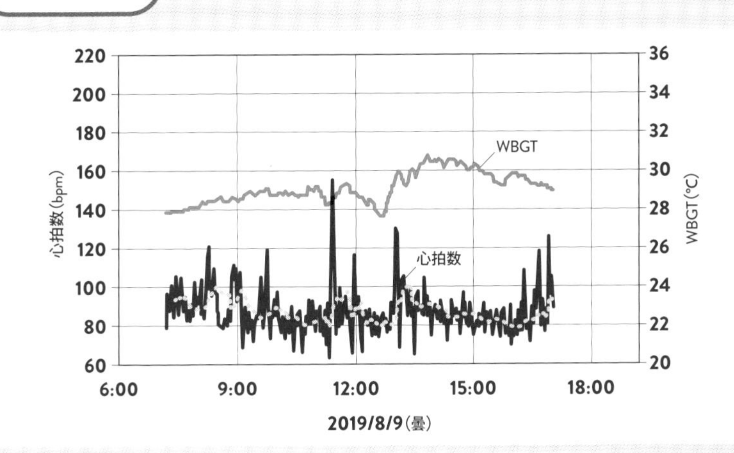

提供：大林組

都道府県別の職場における熱中症による死亡者数

都道府県	2009	2010	2011	2012	2013	2014	2015	2016	2017	2018	合計
北海道		1		1			1	1		1	5
青森							1		1		2
岩手		2		1			1	1			5
宮城		1		2			1			1	5
秋田				1	1						2
山形		1									1
福島						1	3	1			5
茨城		3			3	1			1		8
栃木		1				1	3				5
群馬		2				1					3
埼玉		4	2	1	1		1			1	10
千葉		2	1		2	1	2				8
東京	1	2				1				4	8
神奈川		3	2		3	1				4	13
新潟		1									1
富山				2	1						3
石川				1				1			2
福井		1									1
山梨		1									1
長野					1		1			1	3
岐阜					1	1				1	3
静岡	1	5	3	2	1					2	14
愛知		3	1	1	3		4	1	1	3	17
三重		1	2	2	3		1			1	10
滋賀	1		1			1		1			4
京都	1	1		1	1						4
大阪	1	1	1	1		2	2	2	1	3	14
兵庫					2		1		1	3	7
奈良		2							1		3
和歌山									2		2
鳥取		1									1
島根		1									1
岡山	2	3									5
広島		1					1		2		4
山口			1								1
徳島											0
香川				1			2		1		4
愛媛					2		1	1		1	5
高知					1						1
福岡			2	1			1	2			6
佐賀											0
長崎					2		1			1	4
熊本		1		1							2
大分			1		2					1	4
宮崎			1					1			2
鹿児島		1		1		1	1		1		5
沖縄	1	1		1					2		5
合計	8	47	18	21	30	12	29	12	14	28	219

出典：厚生労働省「職場における熱中症による死傷災害の発生状況（平成30年）」

熱中症対策に役立つサイト一覧

ファン付き作業服が購入できる通販サイト

※五十音順。各メーカーから直接購入することも可能です。

アマゾン

https://www.amazon.co.jp/

最大級の通販サイト。各種メーカーのファン付き作業服が購入できます。

(株)空調服 楽天ショップ

https://www.rakuten.ne.jp/gold/pc2b/

(株)空調服の公式オンラインショップです。

ワークマン

https://www.workman.co.jp

比較的安価で商品を展開をしており、ファン付き作業服も購入できます。

熱中症対策グッズが購入できる通販サイト

ミドリ安全

https://ec.midori-anzen.com

安全衛生用品も多く展開しています。

モノタロウ

https://www.monotaro.com

取扱点数1,800万点を誇ります。熱中症対策グッズも展開。

熱中症予防に必要な情報を知るためのサイト

環境省 熱中症予防サイト

https://www.wbgt.env.go.jp

地域の1時間ごとのWBGT値を確認できます。また、WBGT値の予測も見ることができます。

気象庁 熱中症から身を守るために

https://www.jma.go.jp/jma/kishou/know/kurashi/netsu.html

熱中症対策に必要な気温の予測情報や観測情報を見ることができます。

厚生労働省 熱中症関連情報

https://www.mhlw.go.jp/stf/seisakunitsuite/bunya/kenkou_iryou/kenkou/nettyuu/index.html

熱中症に関する取り組みや施策を公表しています。

熱中症にならないための チェックリスト☑

「現場の管理」と「個人の体調管理」にわけて、チェックリストを示しています。チェックが付く項目があった場合、現場や個人の意識に改善の余地があります。リストも参考にしながら、あらためて熱中症の対策を考えましょう。

現場の管理

- □ 建設現場の温度や湿度、WBGTを把握していない
- □ 飲みものが作業者の近くになかったり、休憩時間しか水分補給ができない環境である
- □ 日陰になる休憩場所がない
- □ 作業者が横になって休める休憩場所がない
- □ カラダを直接冷やせる氷や冷たいおしぼり、水をかぶれるホースやシャワーなどがない
- □ 体温計、体重計を用意していない
- □ 扇風機を首振りではなく、固定して使っている
- □ 空調設備のある休憩場所はあるが、室温を24℃~26℃に設定していない
- □ 5月は熱中症の対策を特に考えていない
- □ 猛暑日に1時間に1回の休憩を設けていない

個人の体調管理

- [ ] 前日、睡眠時間が7時間以下である
- [ ] 前日、アルコールを飲み過ぎて二日酔い気味である
- [ ] カラダにだるさを感じる
- [ ] 下痢や発熱がある
- [ ] 朝食をとっていない
- [ ] 日頃、喉の渇きを感じてから水分を摂取している
- [ ] 水分補給は、コーヒーや緑茶などカフェイン入りの飲みものが中心
- [ ] 作業前に水分補給をする習慣がない
- [ ] 通気性のよい作業服（ファン付き作業服など）を着用していない
- [ ] 休憩時間にも、立っていたり作業を続けていたりしている

参考文献

●『まちなかの暑さ対策ガイドライン改訂版（平成30年3月）』（環境省）

●『防ごう熱中症 日常生活での暑さ対策のススメ』（日本生気象学会）

●『スポーツ活動中の熱中症予防ガイドブック』（日本スポーツ協会）

●『熱中症を防ごう―熱中症予防対策の基本―』堀江正知（中央労働災害防止協会）

●『熱中症対策マニュアル』稲葉裕監修（エクスナレッジ）

●『エアコンのいらない家』山田浩幸（エクスナレッジ）

●「日常生活における熱中症予防指針Ver.3確定版」（日本生気象学会）

●「暑熱環境への適応に向けた取組み」三坂育正（第30回環境工学連合講演会講演論文集2017年5月）

●「夏季屋外における遮熱強制通風服の効果に関する実験」三坂育正、三村敏玄、堀口恭代、熊木啓文、林啓太、今井義典（第15回環境情報科学ポスター発表会2019年12月）

●「ファン付き作業服が建設作業員の生理・心理反応に及ぼす影響に関する研究　第7報 建設現場における水分損失と皮膚温の関係」山崎慶太、菅重夫、来原浩平、濱田靖弘、金内遥一朗、小林宏一郎（第42回人間-生活環境系シンポジウム報告集2018年）

●「ファン付き作業服が建設作業員の生理・心理反応に及ぼす影響に関する研究　第8報 人工気候室内における水分損失と皮膚温の関係」山田稜、金内遥一朗、山崎慶太、菅重夫、来原浩平、久保元人、濱田靖弘、小林宏一郎、傳法谷郁乃（第42回人間―生活環境系シンポジウム報告集2018年）

●「ファン付き作業服が建設作業員の生理・心理反応に及ぼす影響に関する研究　第9報 建設現場の屋内における実測」金内遥一朗、山崎慶太、菅重夫、染谷俊介、来原浩平、久保元人、濱田靖弘、小林宏一郎、傳法谷郁乃（第42回人間―生活環境系シンポジウム報告集2018年）

●「ファン付き作業服が建設作業員の生理・心理反応に及ぼす影響に関する研究　第12報 建設現場におけるファン付き作業服およびズボンの有効性」山田稜、笹森暁、山崎慶太、井野隼人、染谷俊介、来原浩平、濱田靖弘、傳法谷郁乃、小林宏一郎（第43回人間-生活環境系シンポジウム報告集2019年）

●「ファン付き作業服が建設作業員の生理・心理反応に及ぼす影響に関する研究　第13報 夏季の建設作業現場における着用実態調査」傳法谷郁乃、来原浩平、山崎慶太、濱田靖弘、井野隼人、山田稜、染谷俊介、笹森暁、小林宏一郎（第43回人間―生活環境系シンポジウム報告集2019年）

●「ファン付き作業服が建設作業員の生理・心理反応に及ぼす影響に関する研究　第14報 水分損失や深部体温に及ぼす影響」山崎慶太、井野隼人、染谷俊介、藤﨑幸市郎、高橋奏斗、来原浩平、傳法谷郁乃、山田稜、笹森暁、濱田靖弘、小林宏一郎（第43回人間―生活環境系シンポジウム報告集2019年）

●「ファン付き作業服が建設作業員の生理・心理反応に及ぼす影響に関する研究　第15報 顔表面温度による評価」藤崎幸市郎、山崎慶太、井野隼人、染谷俊介、桒原浩平、濱田靖弘、山田稜、笹森暁、傳法谷郁乃、小林宏一郎（第43回人間 - 生活環境系シンポジウム2019年）

●「ファン付き作業服が建設作業員の生理・心理反応に及ぼす影響と他の要因に関する研究　建設現場における実態調査　その1」山崎慶太、菅重夫、高橋直、桒原浩平、小林宏一郎（日本建築学会環境系論文集 第83巻 第747号.453-463.2018年5月）

●「人工気候室での模擬作業がファン付き作業服を着用した建設作業員の生理・心理反応に及ぼす影響」山崎慶太、菅重夫、桒原浩平、濱田靖弘、朱楚奇、中野良亮、小林宏一郎、高橋直（日本建築学会環境系論文集 第83巻 第748号.543-553.2018年6月）

●「ファン付き作業服と作業時間帯が建設作業員の生理・心理反応に及ぼす影響　建設現場における実態調査　その2」桒原浩平、山崎慶太、菅重夫、小林宏一郎、濱田靖弘、高橋直（日本建築学会環境系論文集 第84巻 第756号.151-159.2019年2月）

●「夏季建設現場における飲水とファン付き作業服による脱水の低減に関する研究」山崎慶太、桒原浩平、染谷俊介、濱田靖弘、小林宏一郎（日本建築学会環境系論文集 第85巻 第771号.351-360.2020年5月）

取材協力（五十音順）

赤川宏幸（あかがわ ひろゆき）：**P24-27, 124-125, 135**
株式会社大林組・技術研究所、博士（工学）。大学では気候・気象学を専攻。入社後はヒートアイランド対策など屋外温熱環境の研究開発に従事。現在は、クラウドとバイタルセンシングを利用した作業員向け体調管理システムの開発を進めている。

栄光マシーンセンター株式会社（えいこーましーんせんたー かぶしきがいしゃ）：**P80-81**
鉄筋機械工具総合商社。創業 50 年の歴史を持ち、常に現場の意見をもとにした製品開発を行っている。2007 年から電動ファン付きウェアを販売し、全国の鉄筋工から「鉄筋屋さんの空調服」として絶大な支持をうけている。

株式会社空調服（かぶしきがいしゃ くうちょうふく）：**P44-47, 54-57, 64-65, 68-89, 92-95**
2004 年より空調服™ を発明し販売を行っているパイオニアメーカー。空調服は、発明者の市ヶ谷弘司が提唱する「生理クーラー®」理論をもとにしており、建設業、製造業、農林業、製造業など、熱中症対策製品として多くの方々に使用されている。

桒原浩平（くわばら こうへい）：**P42-43, 48-61, 70-71, 110-111**
国立高等専門学校機構釧路工業高等専門学校創造工学科准教授、博士（工学）。温熱指標や平均皮膚温などの人体生理量予測モデルの研究に従事し、現在は熱中症対策としてのファン付き作業服の有効性に関する研究に取り組んでいる。

傳法谷郁乃（でんぽうや あやの）：**P42-43, 48-61, 70-71, 110-111**
神奈川大学工学部建築学科特別助教、博士（被服環境学）、繊維品品質管理士（TES）。感染対策用防護服やファン付き作業服などの仕事着をはじめ、着物やコンプレッションウェアなど、さまざまな衣服の機能性や快適性の研究に取り組んでいる。

三坂育正（みさか いくせい）：**P30-35, 48-57, 90-91, 100-107, 112-113**
日本工業大学建築学部建築学科教授、博士（工学）。株式会社竹中工務店・技術研究所主任研究員を経て、2012 年 4 月より現職。竹中工務店在職中に九州大学にて学位取得。専門は建築環境工学、都市環境工学。

水谷国男（みずたに くにお）：**P90-91, 102, 104-105**
東京工芸大学工学部建築学科教授（2020 年より風工学研究センター長）、学術博士。1980～2007 年まで三建設備工業（株）で設備設計・研究開発・技術提案業務等に従事。1990 年～1992 年には、東京大学生産技術研究所（村上周三研究室）の受託・共同研究員として、室内気流解析等の研究に従事。

山崎慶太（やまざき けいた）：**P42-43, 48-61, 70-71, 110-111**
株式会社竹中工務店・技術研究所、岩手大学理工学部客員教授兼務、博士（工学）。建設現場での熱中症対策に関する研究に従事し、現在は飲水やファン付き作業服の、熱中症対策における有効性に関する研究に取り組んでいる。

監修者

田中英登（たなか ひでと）

横浜国立大学教育学部教授、博士（医学）。1983年筑波大学大学院修士課程健康教育学科修了。大阪大学医学部助手、横浜国立大学助教授、米国デラウェア大学客員研究員を経て、2004年から横浜国立大学教育人間科学部教授、2017年より現職。専門は環境生理学（温熱環境）、運動生理学。2008年から日本生気象学会理事（同学会熱中症予防委員会副委員長）。ほか、日本運動生理学会理事、日本スポーツ協会スポーツ活動中の熱中症事故予防に関する研究班員など。近年では、「小学生の熱中症予防のための水分補給調査」「体冷却に伴う快適性について」などの研究を行う。著書に『知って防ごう熱中症』（少年写真新聞社）、『スポーツ活動時の熱中症予防ガイドブック』（日本スポーツ協会）など。

イラスト

なかむらみつのり

漫画家。1999年ヤングマガジンにてデビュー。主に食漫画や体験取材漫画を中心に各誌で活動。もちろん、今回もファン付き作業服を使用済。著書に『おつまみ100』東邦出版など。

現場の最強！
熱中症対策
「ファン付き作業服」

2020年7月15日　初版第1刷発行

監修　田中英登

イラスト　なかむらみつのり

発行者　澤井聖一

発行所　株式会社エクスナレッジ
〒106-0032
東京都港区六本木7-2-26
http://www.xknowledge.co.jp/

問合せ先　編集　Tel：03-3403-1381
Fax：03-3403-1345
info@xknowledge.co.jp
販売　Tel：03-3403-1321
Fax：03-3403-1829